本译著为呼和浩特民族学院人文社科重点研究基地（北疆民族文化研究基地，项目批准号为：HM-JD-202002）项目阶段性研究成果。

欧亚非内陆干旱地域文明论

沙漠
与文明

〔日〕岛田义仁 著

包海岩 闫 泽 萨其拉 译

商务印书馆
The Commercial Press

嶋田義仁

砂漠と文明 アフロ・ユーラシア内陸乾燥地文明論

©Yoshihito Shimada 2012

中译本译自岩波书店 2012 年版

目 录

序　言
人类文明的悖论

通过干旱地域反思人类文明

在沙漠和草原广阔覆盖的干旱地域，人类文明是如何延续下来的呢？对于人类文明的形成，干旱地域发挥着怎样的作用呢？带着这样的疑问，这30年间，我在撒哈拉沙漠及其周边区域反复地进行着人类学研究。

无论是中东地区还是蒙古国的草原和沙漠地域，我都曾踏足其间。在那广阔的草原上，牧民放牧着成群结队的家畜。在与牧民的交往中，我见识到皮毛帐篷和树枝搭建的小屋下的畜牧生活。

在有着横穿撒哈拉的骆驼贸易的繁荣都市里，我曾居住过；在撒哈拉绿洲的椰枣林下，我有过短暂的休息；在稀树草原的猴面包树下，我曾惬意地生活；我也曾在高粱旱地里，模仿过农民如何耕作。

在干旱地域由河流冲积而成的广袤平原，有渔民和农民劳作，他们的生活我也清楚地知道。

在土坯堆砌的泥房子和巨大的清真寺里，我居住过，也参加过礼拜。

在长年的调研生活中，我渐渐习惯了由季风气候形成的水田耕作文化。放眼望去，茂密的森林把整个盆地包围起来，隔绝了一切。相反，在旱地生活的人们，对人类的形成和文明的形成，起着怎样的作用呢？这样追问的话，就会引出一个问题：人类到底是怎样的存在？

如今我们知道，干旱地域的生活揭示了人类历史和生命历史的悖论。

生命历史的悖论——在陆地上繁荣的生命

地球是在46亿年前诞生的，而生命是在40亿年前的原始海洋中诞生的。海洋生命正式登上陆地的时间约在4亿—5亿年前，登陆前的35亿年间，生命一直在海洋中生活。众所周知，水分是生命存在的第一前提，而地球被称为有水的行星，是生命的宝库，在过去一个偶然的时间点，一部分海洋生命登上陆地。

海洋生命登陆，本身是一种大冒险。脱离适合自身生存的水生环境，选择进入极端环境开启陆地生活，对海洋生命来说是一种极限的挑战。但也正是因为这样，生命获得了一次重大的进化。动物种类经由两栖类、爬行类、昆虫类，最后进化到哺乳类；植物种类经由地衣植物、蕨类植物、裸子植物，最后进化到被子植物。它们通过以上顺序完成进化。人类也是作为陆地生命的一部分而诞生的。

在陆地上，有更为极端的生存环境，那就是怀抱着沙漠的干旱地域。

作为极端环境的干旱地域占据地球陆地实际面积的大部分。由于干旱地域本身难以定义，我暂且将年降水量小于500毫米的地域称为干旱地域。这样，地球陆地面积的一大半都被干旱地域所占据，就连澳洲大陆也有接近90%的面积属于干旱地域。

非洲大陆和欧亚大陆合起来的旧大陆、欧亚非大陆的中央区域都有干旱地域横跨，从非洲撒哈拉沙漠起，经中东、中亚、西亚、蒙古，直到中国，都有广阔的干旱地域覆盖。

年降水量1000毫米以上的湿润森林区域只分布在欧亚非大陆外围。其中包括季风气候分布的亚洲、温带海洋气候分布的欧洲、非洲环赤道带的热带雨林气候区等区域。

日本是具备亚洲季风文化特征的国家之一，因此，我们很容易联想到地球上广泛分布着湿润森林文化。但当我们重新审视地球环境的整体时，像日本这样多雨的气候在世界上却是一个例外。

人类文明史的悖论——在干旱地域繁荣的人类文明

人类文明到底是从什么样的生态环境中诞生和发展的呢？是

从湿润的森林地域，还是从干旱地域呢？这样追问的话，我们会发现主要的人类文明几乎都在包括沙漠在内的干旱地域形成，特别是在横跨旧大陆中央的非洲大陆和亚欧大陆的干旱地域中形成。

古埃及文明、美索不达米亚文明、古印度文明、华夏文明是古代的四大文明。这些文明最初都是在沙漠地域或者靠近沙漠附近的干旱地域的大河流域中形成的。古埃及文明是被尼罗河流域创造出来的，美索不达米亚文明的发源地是两河流域，古印度文明的发源地是印度河流域，华夏文明的发源地是黄河流域。形成这些古代文明的原动力是广阔干旱地域中肥沃的大河流域所孕育的灌溉文化。

但是，干旱地域文明的形成不仅仅依靠河流，在旧大陆干旱地域的各地，例如赫梯、斯基泰、匈奴、蒙古帝国、土耳其帝国、波斯帝国、希腊帝国、阿拉伯帝国、倭马亚帝国等，都是没有依靠灌溉文化就形成了的大帝国。在撒哈拉沙漠南部的干旱地域，也有马里帝国、桑海帝国、加纳帝国等大型帝国的形成。

除了诞生帝国，干旱地域也是宗教在世界上形成和发展的重要区域。伊斯兰教、犹太教、基督教、佛教、琐罗亚斯德教（拜火教）、摩尼教等大型宗教，都是以干旱地域为舞台而展开传播的。犹太教中的先知曾反复呼吁犹太民众回到沙漠里去，从犹太教衍生出的基督教，首选传教地就是巴勒斯坦、叙利亚、埃及以及地中海东部的沙漠地域。

伊斯兰教比基督教更依附干旱地域，它在阿拉伯半岛的沙漠地域诞生后，从中东地区开始，发展到北非、撒哈拉沙漠，最后一直发展到中亚地区以及被大片沙漠覆盖的亚欧大陆中部，是一个沙漠性宗教。以犍陀罗石佛被人们知晓的诞生于印度的佛教，先在巴基斯坦和阿富汗繁荣发展，之后从欧亚大陆中部的沙漠地域向东西方向延伸，又经由丝绸之路、绿洲之路被传入中国。

世界宗教发展的背后，离不开丝绸之路和撒哈拉贸易等欧亚非内陆贸易路线。欧亚非内陆干旱地域是包含都市、国家和商业贸易、工艺文化以及世界宗教在内的人类文明的摇篮，亦是人类文明的发祥地。

人类文明发展的力量之源到底是什么？在非洲干旱地域多年的调查研究中，我注意到，是来自畜牧民族所圈养的家畜的力量。畜牧业是适合干旱地域的独特产业，主要生产物是肉类和乳类物品，这些生产物也是干旱地域的主要食物来源。不只在食物方面，还有马、骆驼、驴子这些大型家畜在军事和政治方略实施中也是优良的工具，并且在运输物资、人力和收集情报方面也是优良的搬运工具。

牧民是沙漠地域的战士，或者也可以说是强盗，具体是什么，取决于拥有马和骆驼等组建起来的强大军事力量后牧民自身想成为什么。依靠强大的军事力量，他们可以成为国家的建设者。

牧民是驱赶家畜进行商业贸易的民族。巨大帝国建立的背后包含着都市文化，这种文化在布满欧亚非大陆的干旱地域全境的长距离贸易网络和它的节点中诞生。这种文化诞生的基础就是依靠骆驼、马和驴子这些大型家畜所具备的驮运能力而繁荣发展的商业经济，也就是包含丝绸之路和撒哈拉贸易的巨大贸易网络中形成的商业经济。

长安、巴格达、安曼、德黑兰、大马士革、喀什噶尔、敦煌等地域的都市文化都是在贸易网络中繁荣起来的。甚至在撒哈拉沙漠和南非的萨赫勒地带，也形成了盖尔达耶、图亚特（Touat）、通布图、加纳、阿加德斯、奥达加斯特、瓦拉塔（Valata）这些贸易都市。

黄色系的蒙古利亚人种、白色系的高加索人种、黑色系的尼格罗人种是世界的三大人种，他们以欧亚非内陆干旱地域为媒介开启了文明的交流，各民族各部落之间的交流也由此展开。

那么，包含沙漠的干旱地域难道不是人类文明的发祥地吗？这也是人类文明史的大悖论，因为在这种不毛之地却容易看见人类文明的雏形。

地处周边的西方近代文明

客观地回顾人类文明史，我们可以认为，像欧洲和日本这样湿润多雨的森林地带，正是因为受到欧亚非内陆干旱地域文明的影响，才在本土边境地带形成了后发文明。

欧洲文明是罗马、希腊等地中海文明的周边文明。欧洲文明起源于小麦和葡萄的栽培，城市建筑、语言、文字、哲学、宗教、法律等领域都在地中海文明的影响下进入发达程度。对于欧洲人来说，所谓的学习就等同于学习希腊和拉丁时代的文化，这种观念一直延续至今。你以为仅此而已吗？欧洲还从阿拉伯世界学习了阿拉伯数字和化学。希腊文明的大多数元素是通过阿拉伯伊斯兰文明传到欧洲的，并且对欧洲的文明化起到了辅助作用。

日本文明的形成依赖于中国和朝鲜半岛传入的宗教文化（佛教、儒教、道教），通过引进文字、学问、艺术、工艺文化、城市建筑方面的知识最终形成日本文明，在黄河流域的干旱、半干旱地域发展起来的中国文明是日本文明的源头。进一步讲，日本文明就是千里迢迢从印度途经中亚干旱地域，最终抵达日本的佛教文明，甚至连波斯文明也传到了日本。

《哲学史讲演录》被称为关于世界最初体系的历史书，黑格尔在书中指出。世界历史是由东向西演进的，而日本的历史是由西向东演进。再观察非洲、印度南部、东南亚这些地域，会发现这些地域的历史是由北向南演进的。总体来说，世界历史是从欧亚非内陆中央的干旱地域向周边的湿润森林地域演进的。

从内陆干旱地域文明到以海洋为中心的西方近代文明

从某一时间开始，以欧洲为中心的近代文明成为支配世界的先导，人们普遍认为只有接受欧洲文明才是真正进入现代化。

为什么会产生这种观点呢？那是因为以欧亚非内陆干旱地域文明的观点去思考的话，人类文明在世界历史的演变中发生过巨大的变化。

以欧洲为中心的近代文明急速成长的背后是海洋文明的形成。欧洲的近代文明是与大航海时代一起开始的，航海的本质是在贸易路线和军事征服路线上对大西洋、印度洋、太平洋进行充分利用。在此之前，人类根本无法征服海洋。依靠航海技术，海洋成为中心并将世界的政治和经济联系了起来，也就是常说的全球化运动。伴随着全球化，迁居新大陆的欧洲人开始对亚非地域进行殖民，为处于新世界体系中心的欧洲人带去巨大的财富，也促进了欧洲的产业经济和科学技术等文明的发展。

支撑欧洲航海力量的，最初只是装有三根桅杆的小型帆船，但在不久后利用煤炭的燃烧升级为蒸汽船。

蒸汽船的出现，为欧洲航海注入了一股强大的力量。从19世纪开始的世界殖民运动背后的支撑力量便是蒸汽船。

如果说撑起近代文明的能量是煤炭和石油这些化石燃料，那么我们必须考虑在化石燃料以前，撑起人类文明的能源又是什么，这是一个重要的问题。

人类到底是怎样利用能源才形成文明的呢？

在使用化石能源以前，人类主要使用的能源是除人力以外的动植物能源。植物能源（如柴火和煤炭）可以生火，也可以用来做饭、制陶、冶炼铜铁。动物能源可以用来驮运人和物资，或者可以用来传达、移动、搬运情报，还可以在政治和军事统治方面使用。动物是耕地和汲水的工具，更重要的利用价值是动物能源可以推进城市和国家的形成以及长距离的商业贸易。

正是因为这个原因，人类的早中期文明在欧亚非内陆干旱地域才有可能形成。

以海洋为中心的近代文明在形成和发展的同时，动物能源的价值却在缩小，再继续使用化石能源的话，它的价值会更急速地缩小。能最快、最强地发挥化石能源优势的是内置蒸汽机的海上专用航船，因此，世界物流的中心从欧亚非内陆干旱地域转移到大西洋、印度洋、太平洋成为必然。蒸汽船不仅使轮船的运输力大大提升，还能装载大炮和枪械，以及大批量地运输士兵，所以欧洲才成为统治世界军事的海上霸主。

使用动物能源的文明先于使用化石能源的近代文明诞生，它的中心地带就在欧亚非内陆干旱地域。近代文明是在与使用动物能源的文明激烈对战中才成立的，这种激烈的对战一直持续到现在。

如果从欧亚非大陆的内陆干旱地域着手重新考虑，并持续关注人类文明形成中的家畜力量，就能描绘出全新的人类文明观。在本书中，请读者与我一起尝试完成它。其中更重要的是，人类在生命进化史中该如何定位？人类到底是什么样的存在？对于这些问题，我也试图投入新的目光。

最初，我在撒哈拉沙漠及其周边的干旱地域进行了三十年以上的研究，但是对于干旱地域文明的研究是不可能简单地完成的。我所进行的研究的出发点是以宗教为原点，不过我不是宗教徒，也没有对宗教进行过狭义的深刻思考。我所重视的仅仅是宗教学这门学问里的那种朦胧感和宽泛程度。我一边陶醉在西方哲学和稻作文化的研究中，一边对地球上广阔展开的人类文明全景

做出思考，并且开始对这种类型的研究充满热情。下面我将一边
回溯过去年月里的研究历程，一边对欧亚非大陆的内陆干旱地域
文明论的可能性逐一做出论述。

第一章
对地球人类学的立场

一 "完美的人"思想和地球人类学的人类观

·自我反省的思索方法

人是什么？人类是什么？

为了揭开这个谜底，我远赴非洲大陆。

要想思考"人类到底是什么"的方法有两种。其一是古典哲学的思考方法。这种方法就是所谓的自我反省法。苏格拉底站在古希腊雅典的街角，对每一个过路人说"认识你自己"。这个故事我们也许都听说过。在神话故事俄狄浦斯王中，斯芬克斯拦住过路的人问他们谜语：什么动物早晨四条腿，中午两条腿，晚上三条腿？回答不上来的人就会被他吃掉。俄狄浦斯猜出了答案，谜底就是"人"，斯芬克斯羞愧万分地退下了。完全认识自己，这对于人类自身来说是一件出奇困难的事情。

哲学家们遵循苏格拉底的教导，以自我反省的方法来考虑人类究竟为何物。自我反省的典型案例就是自我告白。在欧洲，有两本《忏悔录》。

一本是奥古斯丁（354—430）的《忏悔录》，另一本是让·雅克·卢梭（1712—1778）的《忏悔录》。

奥古斯丁是中世纪基督教神学的确立者，他的神学思想由《上帝之城》这本神学著作来确立，并且在书中也论述了人类的历史观。后来《上帝之城》逐渐成为中世纪欧洲神学世界观的圣经。

奥古斯丁的一生充满了波折，他一开始是信奉在北非地域传播的摩尼教。

《忏悔录》这本书中讲的正是昔日的摩尼教徒如何觉醒成为基督教信仰者的故事，书中一边排斥基督教中的异端思想，一边赤裸裸地论述如何历尽艰辛、归正基督教思想的过程。这本书是理解中世纪基督教神学的不二之选，同时，奥古斯丁的《忏悔录》也是透视这位神学巨匠灵魂的伟大著作。

相反，18世纪的卢梭是一位否定基督教、追求世俗化时代的近代社会思想的确立者。卢梭著有《论人类不平等的起源和基础》《社会契约论》等经典著作，他主张人类只有在自然状态下才是平等的，并且创立了以自由、平等、博爱为基础的主权在民的共和思想理论。因此，他的理论成为法国大革命的思想基础，他是改变基督教思想、创造全新伦理思想的先驱。

卢梭虽然是法国的大思想家，但他的人生也是充满波澜的。

出生于日内瓦的卢梭，在少年时代就远离故乡过起了流浪生活，在与一位贵族女性发生了不伦恋情之后，他亲手把自己的孩子接二连三地送到了孤儿院，自己也深受病痛的折磨。

《忏悔录》一书，是卢梭在对自己的悲惨人生进行彻底反省之后写下来的，他告诉我们在怎样的境遇中才能诞生出伟大的人生。与此同时，卢梭省视自己人生的洞察力也十分惊人。

哲学家康德（1724—1804）所做的，也是对人类的思考能力做了彻底的检视。欧洲近代的思想，就是在反对中世纪的基督教神学思想和罗马天主教支配体制的基础上确立起来的新思想。它的实质是不以信仰，而以人类的理性为生活的指导，因此中世纪的基督教思想为了维护信仰，经常站在否定理性的立场上。康德就是从哲学的立场出发尝试着对理性进行彻底的反省。

康德的出生地是基督教新教宗派盛行的德国。新教是对天主教的各种制度和神学思想进行批判的先锋，但是他们不否定基督教本身，而是在日常生活中对基督教的信仰和伦理进行了强化。在这样的文化环境中成长的康德，仿佛是生活在信仰和伦理的夹板中间，虽然在感情上重视信仰，但是作为近代启蒙运动的理性主义的一名倡导者，他不得不维护理性的根本，因此，康德对人类的理性能力做了彻底的审视。

康德的主要作品有《纯粹理性批判》《实践理性批判》和《判断力批判》等。在这三本著作中，康德把人类的思考能力、纯粹理性、实践理性、判断力区分开来，并且对各项能力的可能性和界限做了彻底的检视。他论述了以人类的能力究竟可以对事物、神明、宗教真理的神学问题等领域认识到什么程度。这个问题是新教信徒的一个深刻的难题。康德以最大限度的理性接近信仰的界限。在康德的晚年，他完成了《纯粹理性界限内的宗教》一书，书中主要论述了理性上认可的基督教信仰。但是，这样的作品怎么可能发表？他也确实收到了禁止出版的处罚，因为在基督教的世界里，以理性论述信仰是不被允许的。尽管这样，像康德这样的理性主义者，人们依然习惯性地尊称他为哲学世界中的不动之王。

理性主义的确立者是笛卡尔（1596—1650），他在《谈谈方法》一书中否定了神学家的权威地位，提倡所有人应该以自身具备的良知为基础进行思考。但是这种良知的理性又具备多少认知能力和判断力呢？有必要对它进行缜密审视。这种情况下，康德的学说能起到很大的作用。

不仅西方的思想家，佛教徒的冥想和自我反省也是一样。人们熟知的达摩祖师面壁九年，九年间都对着同一块岩石连续打坐冥想，简直太不可思议了。我是在宗教研究室里学习的，研究室有西田几多郎（1870—1945）、田边元（1885—1962）、西谷启治（1900—1990）等京都学派的学者。而如今我也彷徨在内省的世界中了。

· 地球人类学的思考方法

要想理解人类，不能只局限于理解自我，还有一种方法是观察自身以外的人类社会和文化生活。近代哲学的创始人笛卡尔对书籍的研究下足了功夫，他曾经为了读懂世界这本书，踏上了流浪的旅途，那像是一段投身于宗教战争的旅途，最终他还是回归到了自我反省当中。但是，他并不是遵从当时的权威理论——斯科拉学派的知识和学说，而是遵从任何人都具备的"良知"进行了彻底反省，最终以"我思故我在"的哲学思想将他的名著《谈谈方法》写了出来。《谈谈方法》没有使用拉丁语，而是一本用法语书写的哲学书籍，是一本划时代的巨著。因为在那个时候，几乎没有用法语写的书。笛卡尔虽然停止了阅读世界这本书，却用世界的语言思考，并且把思考的成果记录了下来。

我想尝试的是，继续笛卡尔的旅行。

自我反省让我对潜藏在自我内心中如此陌生的神秘世界有了一个深刻的认识。也许它是只有人类才拥有的一种特殊的能力，如果猴子和黑猩猩听到那句"认识你自己"的吩咐后就去照做，开始思索自己究竟是什么的话，它们没准也会变成人类。

在这一点上，不得不提前对笛卡尔完成的思想革命进行评价。为什么笛卡尔这种"我思故我在"的思想如此伟大呢？理由是，不懂欧洲中世纪以神为中心的思想的话，就无法理解笛卡尔的思想。

欧洲中世纪的神学思想是只承认神的存在，神以外的世俗中的人的精神、人的身体、社会和风俗等都是不存在的，是虚无的。

人类是沐浴在神的光亮中才能存在的，要想理解神的慈悲，恐怕只有等到末世神再次降临世界并被召入天国，站立在神的侧畔才能实现。这是基督教神学的奠基者奥古斯丁提出的观念，也是基督教信仰的核心[1]。

欧洲近代的思想，就是从不同的角度对基督教思想做出否定，并创造出了以人为本的人道主义和以人道主义为基础的近代政治经济制度。这一切的出发点，正是笛卡尔的思想核心"我思故我在"，因为这种思想是人类存在的极致宣言。人道主义用日语翻译的话就是人类中心主义，那是一种对人类的价值做出的评价，并且是以人类的价值为中心，试图将人类生活组织化的思想。但是中世纪的基督教思想却认为人类从一开始就不存在。人类是否存在的答案就是笛卡尔的那句"我思故我在"。笛卡尔认为人类拥有思维的能力，因此他肯定了人类的存在，自我反省是人类存在的证据。

依赖于自己并且对自己进行反省的这种封闭式的思索方法，似乎有局限性。这种局限性的第一方面就是我们只能认为人类是意识上的存在，或者说是精神上的存在。但人类是拥有身体的，通过身体与他人和风俗人情产生关联，并以这样的方式生存着。充分考虑这个问题的话，就有必要着手解决由此衍生出的各种各样的问题。所以，把目光朝向自我精神以外来看待世界而得到的知识是颇具价值的。

人类世界形成了多样的文化和社会形态，但是每个个体都局限在一种特定的社会和文化的框架内，在一个封闭的空间内生存着。要想了解自身成长环境以外的社会和文化，就必须冲破自身成长环境的社会文化的壁垒，创造出将目光转向人类这一广大世界的机会。不进行自我反省就无法彻底地了解自己，这与无知没什么两样。

没有对自身存在的社会和文化进行反省的自己，根本不会了解自身存在的社会和文化，只是盲目地局限在自身存在的社会和文化当中。为了从这种盲目当中解放出来，我背井离乡，远赴非洲那个遥远的异世界，也以亲身体验这种有效的手段了解到了此前未曾了解的人类的行动模式、思考方法、文化状况和生存方式。

20世纪70年代，我还是一名学生，人们正在享受60年代高度经济增长带来的美好成果，日元的价值直线上升，海外旅行的费用明显地下降。由于彩色电视的普及，我们能看到世界上各种各样的文化和文明，仿佛亲身经历一般。当时，我完全沉浸在那种不同的世界当中。

哲学的人类观是存在疑问的，人类到底是什么？其实不就是与地球环境融为一体，并且生活在其中的一种地球上的存在吗？人类创造出来的各种各样的文化和文明其实就是人类与那些历史风俗做斗争，利用或改变历史风俗创造出的历史风俗文化性的文明。人类的社会和文化并不是单纯地受历史风俗支配和决定的，但不考虑作为特定社会和文化形成条件的历史风俗，就不能理解不同的社会和文化。所以，为了理解某些社会和文化，就必须理解它们和历史风俗有着怎样的关联。既然不同的文化和文明，是以与之关联的历史风俗为条件形成的，用统一的价值标准去评判和理解不同的文化和文明，岂不是存在着误解吗？

但是，以西方传统的自我反省法去考虑有意识的人类时，往往把人的肉身从人类自身的历史风俗中分离出来，肉身就像幽灵一样存在。在自我反省这一点上，人仅仅是人，人类仅仅是人类，在这个基础条件上的看法是盲目的。

· 与地球人类学之人类观相悖的"完美的人"思想

对站在依靠反省而确立的地球人类这种人类观上的关于人类和人的研究，我称之为地球人类学的方法。并且，我想叙述这种方法的独立性，为何如此呢？因为这样的人类观和理解人类的方法不正是西方传统思想中最常见的内容吗？

西方近代思想的根本，虽然从历史的起源上是看不到的，但是西方近代思想认为，在人还处于自然状态的时代中就存在过"完美的人"。在英语中用"Man"表示，在法语中用"Homme"表示，在日语中用"人类这个事物"或者"人类本身"来表示。这样会有一些不恰当，因为这两个词是抽象名词，没有单复数之分。用复数和单数来表示人（men或者hommes）能具体地说明人的含义。如何在历史中恢复到完美的人是近代西方世俗化的历史哲学的一个课题。

在西方，文化人类学和社会人类学也在探求"完美的人"这一学问理念。因此，法国的人类学刊的名称是单词"Homme"前面加上定冠词组成的新词"L'Homme"，英国最具代表性的人类学刊的名称是"Man"（这个词现在也是英国皇家人类学会刊的名称）。这些刊名的含义是，人类学就是研究存在于原始社会中完美的人的一门学科。在地球上展开的多样的民族文化和社会，是失去最初人性的人类所创造的。在这基础上，人类学的使命被认为是尽量去研究和调查那些没有被历史污染、保留着最初人性的未开化的社会，把最初的完美的人研究清楚。

李恩哈特在《社会人类学》的开头，明确指出社会人类学的目的、人类学的研究对象，第一，与历史学的主题不同，那些承载着被记录下来的昔日传统的人群不是研究对象。第二，社会学者所关心的，不是集团式城市如何形成，也不是在社会和技术上进行复杂组织的人们。

也就是说没有文字和文化的、单纯的人类社会才是人类学的研究对象。在这种社会中，人口、领域、社会接触的范围等规模都很小，与发展中的社会相比，技术也不成熟，社会机能几乎没有分化。也可以说，人类学的研究对象正是生存在未开化社会中的人。

未开化的社会中有什么学问和研究意义呢？那就是未开化社会中的各种制度的根本特征与近代的大城市社会相比，更加简单明了。

康拉德·菲利普·科塔克在他的著作、文化人类学入门书籍《人类之窗》中也有相同的主张。科塔克甚至认为：未开化的社会具备最接近人类学者心目中的理想实验室的条件。对于其社会特征，李恩哈特与科塔克有相同的见解。集体中的少数人性、孤立性、文化的同质性、近亲结婚等衍生出的是遗传的同质性，因此，未开化社会是进行人类社会研究的特殊场所。

　　人类学就是站在人类及其历史的角度来研究未开化社会的，可以称它为Man、Homme的人类学，或者也可以称为更纯粹的人性人类学。人性就是所谓的人道主义，因为把人性思想作为前提的，是人道主义的人类观。

　　欧洲近代的思想是如何形成这种观念的呢？还得追溯到基督教的传统中去。基督教的观念认为，历史中的人类是从天国的乐园中放逐到人间的存在。这种观念的来源就是《圣经·创世记》所记载的神话故事：亚当和夏娃被逐出伊甸园以后开启了人类的历史。近代的欧洲，否定中世纪的基督教，认为以人为本的人文主义思想应该取代基督教思想，在历史世界中追求"完美的人"这一点上，或者说在历史的终局，完美的人的社会将会来临，那时候所有人都换上圣洁的衣服，这种神学思想持续在欧洲盛行。

　　我认为，这种思想对"未开化社会"，或对人类都是一种存有误解的强加的既定观念。这种观念引导下的人类学研究也变混乱了，因为这种思想认定的"未开化社会"在世界上根本不存在。无论什么样的未开化社会，都是在历史的变迁、与近邻社会的相互交流中存在的，人们认为这种社会的典型就是采集狩猎社会。地球上所有的采集狩猎社会并不是相同性质的，热带雨林的采集狩猎社会、沙漠的采集狩猎社会，或者北方泰加森林的采集狩猎社会、南美亚马孙的采集狩猎社会等。不同的采集狩猎社会有着不同的固有特性，采集狩猎社会也不是孤立社会，如非洲的俾格米人有他们共同的语言俾格米语，他们生活在与近邻的农民交往中形成的语言文化中。

以这种思想来研究复杂的历史社会时，有一个更重要的前提，即必须假定一个与未开化社会性质相同而且没有发生历史变化的孤立社会，其典型事例就是鲁思·本尼迪克特（1887—1948）所写的《菊与刀》。这本书分析了日本的"耻感文化"和西方的"罪感文化"，是关于日本文化论的畅销书，这本书的亮点是日本文化中可怕的同质化和无历史化，以及西方文化里极端的同质化和无历史化。

"完美的人"在这个世俗化的世界中是不可能存在的。只要活在这个世界，人类就不得不被世界上的各种羁绊（历史风俗和文化社会的制约）所束缚和局限。即便如此，也不用一边哀叹，一边寻找历史以外的完美人类，因为正是这种充满羁绊的生存方式才是人类的本来面貌。只有在这种生存方式下，才能看到人类的创造性、人类的价值，以及作为文化社会存在的人性的真正的丰富性和价值。所以，这里有必要转变一下观念。

每一种生物不都是在不同的文化和社会中孕育出来的吗？生命和全部物种实际上创造出了多样的拥有灿烂生命文化的生物世界。生命的创造价值正是这种多样性，人类也是作为其中的一部分而诞生。将人类、人猿、原始人作为整体来思考的话，就会产生许多种属，其中只有智人（Homo sapiens）是人属下唯一现存的物种。另一方面，全球范围内多样的文化、社会、民族和部落等也是现代人所创造的。生命根据所创造出的多种多样的物种来支配地球环境，现代人根据所创造出的多种多样的文化和社会来支配地球环境。

人类创造的各种文化和多样文明，不正是人类存在的意义吗？所以，这个世界上的人类文化、多样文明应受到尊敬，必须推进文化、文明的研究，以明确其意义及多样性，尽可能给今后人类文化的创造力指明方向。

要把人类迄今为止在地球上开创的历史并创造的各种各样的文化、民族、语言、宗教、文明的总体作为考察人类形态、考察何为人类的手段。基于此，我想认真地探讨和研究地球人类学。

二　地球人类学的先驱和辻哲郎的风土文明论

·历史风土文明论

地球人类学的尝试并不是没有，前辈和辻哲郎（1889—1960）就提出了"风土"这一概念，他在《风土》这本书里，将世界的风土分为季风、沙漠、牧场三种类型，对人类文明的风土论进行了考察。这本风靡一时的著作为众人所周知，我在此重申一下它的价值和意义吧。

《风土》是欧洲留学赠予和辻哲郎的礼物，当时的留学生乘船远赴欧洲，于是经历了《风土》中所讲述的三种类型的地域。

从日本起始途经香港、东南亚的地域，是湿润多雨的季风型风土。接着，从阿拉伯半岛起始途经红海、越过苏伊士运河的地域是沙漠型风土。最后迎来的是地中海、希腊—意大利海峡等地域的牧场型风土。

对这些风土做分类的话，可以分为季风、沙漠、牧场三种类型。

根据和辻的理论，季风是自然赠予周边区域的丰富恩惠，因为那里诞生了以绝对视角看待自然的宇宙观，人被丰富的自然所包围，人的自立性是微弱的。沙漠则与之相反，是人与残酷的自然环境做斗争的风土，其中诞生出了对人类具有绝对支配权利的一神教世界观。而牧场型风土，既没有自然馈赠的季风型风土那样丰富，也没有沙漠型风土那样严苛。如果人类能够发挥理性的话，人类就能支配风土。理性和以人为本的欧洲思想就是在这样的"牧场"风土中诞生的。

和辻试图说明的是季风型风土孕育了具有人与自然合一倾向的东方世界观，沙漠型风土孕育了犹太教、基督教、伊斯兰教这类中东的一神教世界观，牧场型风土孕育了希腊、罗马世界中以人为中心的理性主义文化。他还认为，风土类型本身更加丰富了各风土类型的内在多样性，还完成了巨著《伦理学》两卷。

· 倾向于把文明、文化理解为时间性与历史性的西方思想

和辻的《风土》，让不熟悉沙漠的日本人知道了地球上存在着可以称作沙漠的风土和地理环境，在此基础上，和辻也根据风土论考察了沙漠人类的伦理形态（和辻是伦理学教授）。

但更重要的是，和辻导入的研究人的方法与西方的理解方法有着根本的区别，他将这种区别写在了《风土》的简短序文中。西方的思想只从时间层面去理解人。而和辻认为，从地理环境、风土这些空间的视角下理解人类也是有必要的。

　　和辻是一位哲学家，在德国的时候，他曾经出席了海德格尔的演讲。海德格尔（1889—1976）的《存在与时间》已经出版，成了20世纪德国哲学的一颗明珠[2]。"存在"即是欧洲中世纪神学世界观所认为的、永远普遍的神的属性；"时间"即在这世界生存的历史存在的人的属性。人如何才能有"存在"这种属性呢？用独特的体裁论述这个问题的，正是《存在与时间》这一巨著。但和辻在《风土》的序文中，以《存在与时间》为例，如下文中一样，指出了西方思想中的时间偏差。

　　我自己开始思考风土性的问题是在1975年的初夏，在德国柏林读完海德格尔的《存在与时间》的时候。试着将人存在的结构依据时间性来判断，对我来说是兴趣浓厚的一件事。但是以时间性作为核心主体存在来发挥作用的时候，为何相同根源的存在构造的空间性不能同时发挥作用？这对我来说是一个疑问。在这个疑问中我看到了海德格尔学说里的局限性（和辻哲郎，1979）。

　　西方思想中的时间偏差和历史偏差不一定只在海德格尔的学说中存在，因为从19世纪直到20世纪，是将西方看作历史顶点这一单方面的人类发展历史观最兴盛的时代。19世纪初期，黑格尔（1770—1831）的《哲学史讲演录》在德国出版了，这本书虽然是黑格尔的讲演录，但是他将人类从原始社会到欧洲近代社会的发展史看作自由意志的发展史，并条理分明地做了论述（黑格尔，1994）。

　　根据黑格尔的论述，自由意味着理性的自律性。历史的本质便是理性的运动，所谓历史并没有意识到其本性之理性，因

此，同样没有意识到自由。自由意识起始于历史时代，首先起始
于东方，但东方的意识只是专制社会中的皇帝专有的意识，其他
所有人的意识仅仅处于奴隶状态。到了第二阶段，共和的城市国
家和罗马帝国形成，历史进入希腊、罗马时代，自由意识扩展到
一半以上的市民，剩下的一半人还是处于奴隶状态。自由意识扩
展到全部民众的时代是基督教化的日耳曼世界、黑格尔生活的德
国，这意味着，历史进入了完全的状态，这是黑格尔自己的理
解。而批判黑格尔的马克思（1818—1883）认为：自由和历史不
是意识。应该关注和论述的是作为人类生活之根本的生产模式的
发展。而且，他在《政治经济学批判》《资本主义生产以前的各种
形式》等著作中，提出了原始的自然社会—亚细亚的生产形式—
古典社会的生产形式—封建社会的生产形式—资本主义的生产
形式—共产主义的生产形式这种历史发展理论（马克思，1956，
1959）。但这也是一种单线的历史发展理论，而且这种理论对历史
初期和中期的理解与黑格尔的未开化社会—东方社会—希腊与罗
马社会—基督教化的日耳曼社会的四阶段理论完全是重合的。

　　马克思的历史观之后又出现了各种各样的单线进步的历史观。

　　在法国，实证主义的鼻祖奥古斯特·孔德（1798—1857）在
其著作《实证哲学教程》中提出了神学的思考—形而上学的思
考—实证主义的科学思考这种三阶段发展理论，以此来分类人类
思想的发展进程（Comte，2012）。同样在英国，社会人类学的鼻
祖詹姆斯·G.弗雷泽（1854—1941）撰写了恢宏巨著《金枝：对
法术与宗教的研究》，揭示出人类思想进化的轨迹是：巫术—宗

教—科学。他的理论与孔德理论的相通之处是，人类思想的进化轨迹都是：从巫术与宗教的思想再到科学的实证思想。

这些单线发展的历史观，是20世纪知识阶层的基础教育，当然和辻也是熟知这些理论的。但是这些单线发展的历史理论可能都是为了支持欧洲国家在亚非大陆持续进行殖民运动、为之提供正当化的理由而建立起来的。这些理论是站在以欧洲为顶点或者以欧洲近代科学为自豪的立场上的，亚洲和非洲这种非欧文化和文明、非科学思考被放在单线进化思想以下的低级位置。欧洲人认为，非洲和亚洲的发展只能通过学习欧洲的思想和文化才能实现，但是对于非洲和亚洲的知识阶层来说，这一看法让人很气愤。

· 多样的人类文明与文化及各自的价值

世界上的各种文明、文化的价值应该以统一的标准来衡量吗？各种文明、文化固有的价值对人类文明整体来说不也具有重要的价值吗？

单线的人类发展历史观就像把啤酒和威士忌看作人类文明发展的顶点，把日本酒和烧酒看作封建时代，把非洲的浊酒看作文明社会以前的未开化社会。又像把汉堡看作人类历史的顶点，而把饭团和拉面看作封建时代的食物。这两种比喻方法是相同的。

各样的食物和饮品都有其自身的固有价值，因此全世界酒类的价值标准以啤酒和威士忌来作为单元化标准就是不对的。否定饭团，只把汉堡作为世界的快餐也不可行，因为每一种食物和饮品都是扎根于诞生地所固有的风土而形成的文化风土的产物。威士忌和啤酒的背后是面积广阔的麦田，日本酒和烧酒的背后是大片的稻田和白薯田，非洲的浊酒文化背后是高粱米和杜松子的大量种植，汉堡的背后是美国规模宏大的畜牧业，而日本饭团饮食的背后则是稻作文化的繁盛。

建筑文化、服饰文化以及宗教文化也是同样的道理，世界上多样的建筑文化、服饰文化、宗教文化都是在各种特定区域的风土和历史环境中，随着时间的积累逐渐地构建起来的。日本的森林文化是大量使用木头和稻草等植物材料作为原料而发展起来的文化。在欧亚非大陆的干旱地域，使用晒土或烧土做成的砖块，创造了以泥土为材料的建筑文化；在寒冷气候的北极圈生活的因纽特人把冰块凿成房子居住。沙漠地区的游牧民族，将骆驼等动物的皮毛做成帐篷，或将骆驼毛织的布做成帐篷，或者用羊毛固定成的毛毡做成小房子（包、盖），在帐篷和毡包里面居住。

和辻哲郎认为对于以上的人类文明与文化的多样性价值应当以风土的多样性来加以说明。

这种思考和理解人类不同文明和各文化的方法，在整个西方思想史的传统中是连想都不敢想的。西方思想认为人类的各文明与各文化仅仅是历史发展的"时间的相"，它唯一的价值就是可作为区分优劣的等级制度，它的顶点就在西方。因此，西方思想认为其他各文明与各文化是前西方阶段的劣等文化，并且否定其价值，有时还视其为反对人类文明与文化的反文明与反文化。尽管大多数的西方文化人士拒绝这种单纯的观点，但是以西方为中心的文明历史论直到现在仍然反复出现。最近，又出现了认为西

方文明和伊斯兰文明、中国文明以及日本文明中间只有冲突的各
种学说，其中最典型的是亨廷顿的文明冲突论（亨廷顿，1996）。

　　对人类各种文明的理解，不应单单通过历史性，如果把风土
论也导入的话，就能理解人类各文明与各文化的多样性，也就是
人类在地球上的展开过程、人类适应地球上各种各样的风土环境
的文明与文化的构建结果。这种多样性没有优等劣等之分，如果
非要区分因纽特人的冰屋和沙漠地区的皮帐篷孰优孰劣，这样的
行为是愚蠢的。

· 作为时间与空间构造或者历史与风土构造的人性

　　尽管如此，为什么风土论的观点在西方世界中不能成立呢？
理由很复杂，其中一点可以追溯到前面提出的《圣经》中的天
上乐园的驱逐神话。在近代思想的传统中试着思考其理由吧？这
样，就会有近代哲学鼻祖笛卡尔的"我思故我在"。笛卡尔的这
句宣言，确切地表明要与受基督教神学思想支配的欧洲中世纪的
世界观彻底决裂。

　　虽然笛卡尔的"我思"明确地指出了作为思想主体的精神人
格的存在，但是他把身体这一物质存在从人性中排除了出去。因
此，具有空间性的身体和不具有空间性的"我思（精神）"是如何
结合成为一体，这一疑问成为笛卡尔之后西方哲学的一大问题。

　　这个问题，不仅关乎人类精神和身体的关系，也关乎人类精神
和作为环境的风土的关系。笛卡尔眼中的人只具有精神，身体和风
土似乎没有丝毫接触点，就像是幽灵一样的存在。所以认为人类是

风土的存在这一观点试图从根本上推翻笛卡尔以来的人类观。

和辻哲郎充分意识到这一点之后撰写了《风土》和《伦理学》，成为他理论要点的是和《风土》并行完成的《作为人学的伦理学》中"人"所包含的深刻意义。两本书似乎在探讨完全不同的问题，实际上《作为人学的伦理学》是《风土》的哲学的基础理论，和辻把"人"和"人类"区分开来。西方近代哲学的思考方法是把所谓的"人"看作精神存在的个人，和辻则认为人的存在并不是作为个人的"人"，而是在交际关系中存在的"人"。换句话说，"人"是一种集体存在的人，一种社会存在的人。

当时，以齐美尔、韦伯、涂尔干等为代表的新学问——社会学开始兴盛起来，海德格尔的老师胡塞尔（1859—1938）也开始提倡"主体间性"的现象学理论。和辻继承了他们的研究，认为不应该在个体中捕捉人性，而应该在共性中捕捉人性，当然如果仅是这样，和辻也不过如此。和辻的非凡之处在于，他是将自己理论哲学的意义进行到底的人。

和辻认为，要想证明"人"不单是精神的存在，还必须理解人是作为身体存在的物质存在。为何如此呢？这是因为共性是以具体的空间和身体为媒介才成立的，若只是在人的精神和意识中的话，共性是不能成立的。认识他人时，也必须通过身体器官中的五感，所以，认同共性的人也等于认同人是身体性存在。

身体的共性成立的前提是必须拥有安置身体的空间，这里的空间指的就是风土。因此，追溯人的共性的存在方式的伦理学认为：人存在的基础就是作为"人"的共性和身体性，这些都可以涵盖风土性这个概念。正因为人是身体性存在，所以才具有了社会性和风土性，人也就成了身体的与社会的、风土的存在。这不仅否定了欧洲中世纪的基督教世界观，也从根本上否定了笛卡尔的世界观。在和辻的"人学"中，人的存在首次成为风土之子、地球之子。

　　基于欧洲中世纪以神为中心的神学世界观和笛卡尔的以精神为中心的人类观，以及和辻哲郎的风土人类观这三种理论的不同之处——神、精神、身体、社会、风土等各种存在论具体该如何定位，请参考下图（图1-1）。用实线圈住的部分表示存在，用虚线圈住的部分表示次等级的存在或非存在。

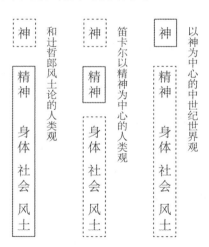

实线框：存在
虚线框：次等级的存在或非存在

图1-1　世界观的比较

在以神为独立存在的中世纪神学世界观中，神以外的一切皆为非存在。其次是以人的精神为存在中心的笛卡尔的世界观，这种观点认为：神、身体、社会、风土等事物是非存在。相对于前两者，和辻对人存在的定义是：身体性和社会性以及风土性三者组合的共性为人存在的中心。

但是和辻在理解人的同时并不会把历史性排除在外，因为在和辻的理论中，人存在的基本结构是"风土的历史的存在"，或者是"空间和时间的结构"，而且脱离风土和历史、空间和时间的人是不存在的，人本来就是在现实中相互交涉的。

风土在一定程度上是历史的产物，历史在一定程度上也是风土的产物。

所以支撑和辻的理论的是，人是"身体的、社会的、风土的、历史的结构"。以西方思想史的传统为视角的话，理解人的理论中出现的这种根本革命——和辻的风土论是具有哲学理论基础的。

本书提出的干旱地域文明论在和辻的风土文明论的设想流程中基本上都出现过。但是，在和辻的文明论中，个别的理论有着很多局限。对沙漠性风土的理解也好，对文明的理解也好，和辻和我的观点在很大程度上是不同的。那是因为，《风土》和《伦理学》的时代正是第二次世界大战前夕，当时做实地调查和收集资料都是相当困难的，和辻的研究成果正是在那种无奈的时代背景下完成的，有幸的是和辻的风土论中人论的基本结构时至今日依然奏效。

三　再次考察京都学派的生态人类学

·今西锦司的生态学

　　和辻的风土论所揭示出的对西方思想的批判性，与崭新的文明学方向——京都学派的生态人类学的运动方向非常相似。

　　所谓的京都学派生态人类学，是以动物生态学者今西锦司的理论为中心，也是以动物生态学中的灵长类学科的独创性成果为核心形成的研究小组。这种思想的起源是动物生态学。青少年时期的今西沉迷于昆虫采集，他早早地意识到把昆虫拴在标本箱里进行种种考察的是一种死亡昆虫学，作为生物学的昆虫学，必须是将昆虫与它的生存环境看作一个整体来研究。依据这种意识，他完成了著名的作品《栖分论》。

　　这种联想也贯穿于对人的研究，同时，今西也把人类比作乘坐在地球号宇宙飞船的乘客。他把包含人类的生命体，看作是被束缚在地球这个小宇宙中的特殊的天体进行研究，这样就会有理解人的方向。但是地球的自然条件并不均衡。今西是植物生态研究的先驱。鸭川的薄羽蜉蝣也是根据自然条件的不同，采取了各种各样的生理形态和机能。人类多样的文化和社会不也是相对于地球上多样的自然条件，尤其是多样的生态条件形成的吗？

　　依据这种人类生态学的观点，和辻的风土论可以理解为是对生态学的再定义。生态人类学的观点和风土论的观点一致的地方是：对包含人类在内的所有生命体的基础构造的空间性，两者都很重视。今西锦司有一本战前写完的小册子——《生物的世界》。

他想到随时可能会出征并丧命，就留下了这本记录自己生物学思想的著作。书中的内容正是今西将生命当作时间和空间的结构体来理解的核心思想。书中关于今西的生态学的基础内容就是生命结构的空间性。这种内容对应着生命的生活形态，因为生活就是在某一空间中所经营的事物。这样一来，也可对以生活形式为基础的生活形式共同体做出思考。若按着这个观点发展的话，就会产生动物社会学。

如果今西的理论能活用于人类研究的话，就会诞生生态人类学。虽然在个别的文明论或文化论上，今西自身的理论并没有什么值得一看的地方，但是他从昆虫生态学开始，开创了灵长类学，又率先进行非洲的人类学研究，仅在这些事业上的活跃，就已经足够了不起了。

· 梅棹忠夫的《文明的生态史观》

动物生态学专业出身的梅棹忠夫发表的《文明的生态史观》（1967）引起了我对生态人类学的文明论的注意。而且，他的理论不仅停留在文化的生态人类学范畴，也在向文明的生态人类学靠近。在这里，我们先将"文化"和"文明"这两个概念区分开来。

这里所说的文化是：人类自诞生以来持续创造出的物质的、社会的、精神的产物或建筑物的总和。而文明是：人类从历史的某一时间点开始构建的以城市、国家制度为中心的文化。这种文化包含文字文化、商业经济文化、工艺文化、社会分工以及阶级社会、多种族交流等领域。

　　文化人类学以未开化的文化为研究对象。文明是历史学和社会学的研究对象。最初，汉字词汇"文化"和"文明"并没有含义上的差别。为了在翻译时对应英文中Culture和Civilization这两个不同含义的概念，于是"文化"和"文明"这两个汉字词汇才有了含义上的差别。

　　《文明的生态史观》如它的名称所示，是对文明的诠释，也是一本探讨在欧亚大陆的舞台上广阔展开的中国、印度、伊斯兰等大型文明的形成理论的书籍。这本书不仅是超越文化人类学的框架、以未开化文化为中心的大胆尝试，也是生态人类学的一个全新的挑战。因为梅棹忠夫一方面以今西锦司的生态人类学作为出发点，另一方面也将研究非洲采集狩猎民俾格米人（Pygmies）和卡拉哈里沙漠的采集狩猎民布须曼人（Bushmen）的伊谷纯一郎等人的生态人类学作为中心，如此梅棹忠夫的研究取得了长远的发展。布须曼狩猎采集文化应该称为未开化文化中的未开化文化，这种文化是伊谷等人的研究对象。所以，生态人类学被看作文化人类学，是因其将未开化文化和社会也当作了研究对象。

　　但是梅棹把欧亚的文明也放入了自己的视野当中。战前，今西锦司在张家口建立了西北研究所。当时，梅棹是一名研究员，副所长是石田英一郎。在那个研究所，梅棹认识了在草原上生存的蒙古牧民的生活。直到战后，他又到印度、巴基斯坦、阿富汗等地进行调查，写下了《蒙古族探险记》。他还去东南亚做了调查。依据他的调查研究构想出的成果就是：以欧亚大陆的生态环境为基础展开的欧亚文明的历史结构论——《文明的生态史观》。

为了将欧亚大陆的生态结构模式化，梅棹绘制了一个东西方向的椭圆形的欧亚大陆模型。模型里中央靠右边对角线方向延伸的带状地带是干旱地域，从这里开始，湿度逐渐增加。然后，椭圆形的欧亚大陆模型的东南边缘和西北边缘是欧亚大陆最湿润地域的分布地。再然后是从东南亚开始到日本的亚洲季风型地区和东西欧地区。欧亚大陆的生态构造是用绿色的几何形态整理成的。

那么，欧洲的文明结构是什么样的呢？据梅棹的观点，干旱地域是"暴力的窝"，干旱地域是欧亚文明和历史的原动力。与这种原动力——干旱地域接邻的是半干旱地域。在半干旱地域中，形成了四种大型文明圈：中国文明圈、印度文明圈、俄罗斯文明圈、地中海伊斯兰文明圈。在椭圆形的欧亚模型中，再加入一条逆向对角线的话，就能把欧亚大陆的中央部分平均分成四份。四等分的空间正好对应四大文明圈的形成地。干旱地域右侧的东部是中国文明圈、南部是印度文明圈，带状的干旱地域左侧是俄罗斯文明圈和地中海伊斯兰文明圈。

这样一来，日本和欧洲的位置在哪里呢？其实是在椭圆形模型的最东边和最西边。这两端是远离了欧亚大陆中央干旱地域的区域，因此，这两端是从干旱地域的"暴力"中脱离出来的，形成了自主的文明地域。所以，欧亚大陆的文明可以分成六大类，即在干旱地域的暴力影响下形成的四大文明圈再加上独立出去的欧洲文明和日本文明这两大文明圈。前者是第一地域，后者是第二地域。根据这样的分析，能看到第一地域的四大文明圈的形成有并列关系，第二地域的两种文明的形成也有并列关系。

这种把日本文明和欧洲文明等量齐观的文明观被广泛关注，重点是，该理论是基于欧亚生态结构的生态学文明结构论。

但不足的是，这种理论中还缺少文明的种类，就是东南亚文明和东欧文明。这两个地域，梅棹在模型中央对角线的干旱地域的两侧边缘部画了平行线，这两条平行线表示两个地域的外侧都是湿润地域的湿润线。通过这两条平行线，可以确定东南部湿润地域和西北部湿润地域的位置。这两个地域被视为独立的文明圈。东南部的位置在东南亚和日本，西北部的位置在东欧和西欧（图1-2）。日本和欧洲的位置虽然也在这两个湿润地域内，但是东南亚和东欧比日本和西欧离第一地域的四大文明圈更近。

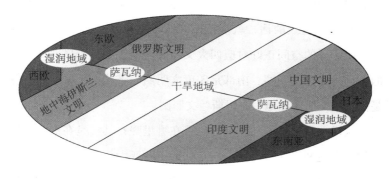

图1-2　文明的生态史观（制作自梅棹，1967）

所以，东南亚和东欧比日本和西欧受到四大文明圈的影响更强烈。日本和西欧被认为是缺少那种自律性的文明。在东南亚，越南文明的形成受到中国文明很深的影响，缅甸和马来半岛、印度尼西亚等文明受到了印度文明和伊斯兰文明的影响。在东欧，俄罗斯和地中海伊斯兰两大文明的影响互相竞争，甚至成了现代的政治问题。

《文明的生态史观》尝试将干燥和湿润的差别作为生态学条件结构的基础，将干旱地域作为文明形成的中心地，以及将这种文明论作为解释欧亚大陆文明的坐标轴。结果这种观点与我反复研究西方思想时遇到的以西方为中心的单线历史观完全不同。这种观点揭示的是一种以干旱地域为中心，同时又包含多元的多方向历史文明观的理论。

西方的文明历史论是：从隶属到自由、从本能的感官的思考到理性的思考、从宗教的思考到科学的思考，这样一种以人类精神和人类社会生活的进步发展为基础的文明论。因此，无论怎样它都是一种判断价值存在偏差的单线历史观。但是，梅棹的基础构想关注的是人类精神外部的基础条件——欧亚干旱地域和湿润地域的规则分布，梅棹试图通过把这种规则分布模型化的生态学空间结构去理解文明。这就是风土论中的空间性文明历史观，同时也是一种多元文明历史观。这种理解文明的方式是一种新颖独特的构想。

当然，梅棹的理论中也有着许多明显的不足之处。《文明的生态史观》最初并不是一部有分量的著作。这部著作的价值是反复对欧亚大陆文明进行的实地考察，并在此基础上建立的生态历史观，理解文明史的一种新案例。于是在这里，我想指出范例结构的问题点，其中之一是将干旱地域的"暴力"作为欧亚文明形成的原动力。"暴力"在英文中以"violence"表示。而在非西方世界中不知不觉形成的巨大文明，是在西方世界于19世纪首次知道"东方"世界时才开始的。正如黑格尔和马克思的理论中的典型：西方的思想家认为东方世界孕育出的是奴隶制和缺乏自由的专制主义政体，否定人类生活理想的权利，并且西方思想家集中最大的努力对东方世界定罪。这就是萨义德所讲的"东方主义"的根源。梅棹的暴力论很可能被定位在具有西方思想偏见下的亚洲东方观的传统中。

　　我认为：梅棹观点正确的地方是遵循了欧亚文明形成的原动力是什么这一基础问题。因此，梅棹所提出的"暴力"并非暴力，应该看作"动力"。虽然"power"也拥有暴力般的破坏力，但它也是构建新型人类文明的生产力。那么，人类至此使用什么样的动力构建了人类文明或者人类文化的呢？这是一个重大的问题。

　　对于这个问题，梅棹的注视点是干旱地域的动力。但是干旱地域的动力是什么，梅棹对此没有做出论述。这个问题的答案就是我在本书中提及的欧亚非内陆干旱地域中的家畜力量。近代文明诞生以前，家畜力量就存在了，它是物品、人、情报等交流聚集的原动力。其他方面，它是支配政治的原动力。具备家畜资源的结果就是：欧亚非内陆干旱地域内成立的多民族多部族，互相交流的城市文明和国家文明自古就非常繁荣，它也是人类文明形成的摇篮，这些就是我想论述的观点。当然也需将干旱地域存在的大中小流域的灌溉文明、无数的绿洲文明，还有干旱地域广大的以谷类为中心的农耕文明等必须都考虑进去。本书特意把此前几乎没被注意的文明的原动力——家畜力量当作重点，我也猜测作为蒙古畜牧文化研究者的梅棹实际上也曾注意过这种家畜力量，但是梅棹没有明说过这件事。

　　在关于文明的内容和文明形成的结构方面，梅棹的理论也不是足够充分的。巨大的帝国和城市是如何形成的？它们的内部结构是什么？如佛教与伊斯兰教那样的世界宗教与文明形成之间有着怎样的联系？对此类问题的论述，梅棹的理论都是欠缺的。（《文明的生态史观》的最后一章居然出现了宗教人类学的观点：将宗教与传染病相提并论。）从这里，能看到动物生态学出身的人类学者写的文明论的薄弱之处。反而是和辻哲郎的《风土》与《伦理学》站在了风土文明论的立场上，展开了更为细致的论述。

　　而且梅棹的理论中没有美洲大陆，虽然他后来去了美洲，也撰写了《热带草原的记录》（1965），但是《文明的生态史观》从一开始就是从蒙古到阿富汗、东南亚等地考察，以欧亚大陆的东部为中心完成的。本书想做的尝试是：以从非洲出发到欧亚非旧大陆全体为视角来构建干旱地域文明论，也就是欧亚非文明论——把非洲和欧亚旧大陆组合成一体来论述。将非洲文明与欧亚旧大陆文明相同对待的同时又把两种文明放在同一层面上论述的人，简直少之又少。

　　本书的欧亚非内陆干旱地域文明论以非洲为出发点，其主要线索是家畜力量，包括马和骆驼的力量。马是军事方面的优良力量，相对于马，骆驼是商业经济的优良力量，生产乳类和肉类的牛也是一种优良的力量。梅棹称干旱地域是"暴力的窝"的原因，有可能是关注过亚洲东北部干旱地域中马的军事作用。但是本书所关注的家畜力量是更加多样化的。

有人认为梅棹历史观的内容里缺少了海洋文明论，并对此给予批评（安田喜宪，2004；川胜平太，1997）。《文明的生态史观》的时代对象，基本上都是以西方为中心的近代文明来支配世界的过去时代的文明。我认为考察近代文明形成的原动力时，必须重视海洋文明。所以，缺少海洋文明论正是《文明的生态史观》的缺陷，这部分缺陷是必须要以续编来完成的。

虽然存在缺陷，但是这种崭新的捕捉文明的生态史观构想，通过简明的分析提出了明确的观点，所以我认为《文明的生态史观》的历史价值在今后也不会消失。

四　柏格森的创造生命进化论

在我的学生时代，以梅棹为核心形成的京都大学人类学研究会——通称"近卫合会"，每周三下午7点到晚上10点，在近卫大街的乐友会馆举行。米山俊直、谷泰、和崎洋一、佐佐木高明、中尾佐助、石毛直道、松原正毅、野村雅一、江口一久、端信行、福井胜义、赤阪贤等人齐聚一堂、反复商讨，创立了一年刊发四次的季刊《人类学》。我也曾以学生的身份持续参加了这个研究会。

当时正是70年代安保斗争最激烈的年代，大学被路障封锁，正规的授课全部停止，这种情况下近卫合会依旧持续进行。那个年代，世界也首次向日本人打开，朝气蓬勃的年轻人都一心朝外，向着东南亚、印度、中东、非洲、欧洲、美国等地区跑去。这些归国的年轻人和人类学骨干，在近卫合会互相讨论着的正是世界上最新、最先进的信息。

我当时坐立不安，充满了一心想去海外看看的念头。只是当时的汇率大约是1美元兑300日元，即使想去也去不起，再加上当时的京都大学还没有开设文化人类学专业的研究生院，而我则是属于文学研究科的宗教学研究室的一名学生，必须要学习欧洲的宗教哲学。并且研究室实行的是彻底忠实原文研究，所以我又必须攻读德语、法语等的哲学著作。

作为主任教授的武内义范老师，授课的主要内容是黑格尔的《精神现象学》，他是按照德语原著来讲读和演习的，我选择的研究主题是法国的哲学家亨利·柏格森的理论，以他的著作为中心，我还阅读了卢梭、涂尔干、马塞尔·莫斯以及列维-斯特劳斯等人的法语著作。攻读这些法语原著的同时，我也获得了解读含西方思想在内的人类思想的契机。

柏格森（1859—1941）是通过其著作《创造进化论》和《道德与宗教的两个来源》（1932）为人们熟知的。他是一位浩大宇宙论生命哲学的倡导者。《创造进化论》是一本与达尔文、拉马克、赫胥黎等人的思想做斗争的，提出了一种强大创造的生命进化理论的书籍。《道德与宗教的两个来源》是一本与弗雷泽、涂尔干、莫斯等学者研究的未开化社会的人类学著作进行斗争，根据创造生命力的进化论提出的关于道德、宗教的理论书籍。

柏格森哲学讲的是一种根据直觉来证明独创性的时间和意识的哲学。柏格森认为真正的时间是"绵延"的。据柏格森的观点，流动的时间、可测量的时间都是空间的思考和以空间思考为基础的科学思考，是一种歪曲的时间。"绵延"并不单单是从过去到现在的流去的那段时间，而是指从过去到现在、从现在到未来的持续流动的时间。人们学习各种知识、体验各种经历，并把这些知识和经历储存在记忆里，通过记忆力想起现今为止的一切，这是人创造的判断力和实践能力的基础。这种记忆力正是人的运动的精神实体，因此人是一种可以对抗时间命定的、具有创造性的自由存在（《时间与自由意志》，1889）。流动的时间是物质的时间。在《物质与记忆》（1896）中，柏格森一边反对当时的大脑生理学关系的著作，一边以记忆力的创造性为中心，再次定义了人的精神和身体的区别。自笛卡尔以来的西方哲学传统里，人们一直认为精神是时间的存在，身体是空间的存在，所以，没有出现将两者结合的理论。柏格森的理论，可以说是一种以绵延论追溯时间论，并发现了精神和身体（物质）是相结合的关系的理论。

但是，人在绵延的时间里并不一直都是自由的。作为被造物的人，容易落入空间性的时间的决定论里。人的自由，必须沉落在深厚的意识里，必须回归到绵延的时间中。在这里，需要能直接认识自己意识的直观能力。但是，绵延的时间，也是创造的生命进化论的原动力，这就是《创造进化论》的主张。自由沉落于深厚意识后，人的记忆力就超越了个人的记忆，成了人类的记忆，更成了生命进化的记忆，最后成为宇宙创造的记忆。这种记忆，就像喷发的岩浆一样沸腾四溅，是精神的生命力。通过这种喷发的生命力，宇宙被创造，世界被创造，各种生命和物种被创造，人类也被创造了出来。但是成为生命的物种，与沸腾的岩浆冷却后形成的固体岩石是相同的，生命的进化变成了停止状态。现实的人类社会就是这种停止状态，人类若想再次进化，就必须回归到创造的根源，也就是宇宙生命的绵延中去。

黑格尔的《精神现象学》认为，存在就是理性，人本性的根源就是理性，这两种理性结合的地方就是《精神现象学》的终极理想成真之处，这就是柏格森的《创造进化论》，也是一种令人震惊的以意识为中心的宇宙论和生命论。

柏格森的晚年作品《道德与宗教的两个来源》将道德分为"封闭式的道德"和"开放性的道德"，将宗教分为"静态宗教"和"动态宗教"。而且他认为，封闭式的道德和静态宗教是从生命进化的停止状态中的封闭的现实社会中产生的；开放性的道德和动态宗教是生命回归到再次进化的创造力后产生的超越人自身的道德和宗教。

柏格森的哲学是以时间和精神为中心的西方人类论的极点，是在彻底追溯时间性存在的人的同时，衍生出的生命进化的宇宙论和以此为基础的人类观。他的哲学也是对区分永恒和时间的以往传统的一种否定。绵延的时间论，是以绵延为本质的人之精神论，因为这种理论先假定在强烈的时间绵延中永恒成为创造宇宙的能量，又把人之精神和绵延的时间结合为一体。

柏格森的创造进化论、创造的宗教和道德论与本书重视的空间性的人类文明论互为对立。但是对于人类究竟如何创造了新的文化、新的文明这一疑问，柏格森是将它当作各人的内在问题去捕捉探讨的，所以他的理论是极富深意的。在考察欧亚非干旱地域文明的时候，我"邂逅"了曾经旅行过广阔的欧亚非大陆的伊本·白图泰（1304—1377）、玄奘（602—664）、近代的勒内·卡耶（1799—1838）、海因里希·巴尔特（1821—1856）等伟大的探险家。[3]推动这些探险家的旅行、冒险以及行使使命的巨大动力是什么呢？对于此类疑问，可能需要用柏格森的观点来进行思考。

柏格森的创造进化论，并没有舍弃过去，倒不如说是在积极地唤回过去中产生了创造的能量，在这一点上，柏格森的观点与支配19、20世纪的单线历史进化论有着本质上的区别。单线的历史进化论是一种舍弃过去和传统的人类发展的历史观。

柏格森的宏大的生命进化论，是国家主义在欧洲兴起，以及两次世界大战的时代产物，也是一种支持打破强硬的国家主义世界观的意识成果。因此，在威胁世界格局的东西方冷战的时代中，我一边感受着第三次世界大战与核武器带来的恐怖，一边度过了学生时代。柏格森的思想是一种强烈控诉战争的思想。

回归到生命进化中，即使超越人自身，又该如何呢？在这个世界大开放的时代，柏格森哲学是一种确切地把我推向窗外世界的思想。

五　季风型风土之稻作文化研究

对于现实中的我来说，通往世界的门依然是紧闭着的。

到底该何去何从呢？我一边研究着柏格森的理论，一边将日本文化的研究也列为目标；一边阅读柳田国男和折口信夫的著作，一边将寻访农村与祭礼的稻作文化加入研究的范畴。当时，立志于人类学研究的学者们阅读柳田国男等人的关于日本民俗学的研究成果是理所当然的事情。至于米山俊直，是战后欧美留学派的人类学者，他居住在日本民俗学研究的原点岩手县的野外，经过了日本农村文化的人类学研究的基础训练后，又成为非洲人类学的先驱。我也曾去过福井县名田庄村，住在一所废弃的学校宿舍楼的角落里，反复进行了长达数年的调查。

同时，我还进行了日本神话的研究。当时，研究古代史的上田正昭提出了许多关于日本神话研究的新颖问题，还有研究哲学的梅源猛也通过《被隐去的十字架》展开了激烈的法隆寺论。激励这些学者的正是柳田国男和折口信夫的研究，他们的研究也支持了我自身的农村调查，还有柏格森和列维－斯特劳斯等法国哲学家和人类学家的研究。通过他们的研究，我想以一种新的视角去阅读《古事记》和《日本书纪》，也许会有一些意想不到的发现。最后，我的发现成了我的博士论文:《稻作文化的世界观——

阅读〈古事记〉的神代神话》，对此我感到非常荣幸。

《稻作文化的世界观》的构思契机，促使我学习了当时如旭日光辉般闪耀的列维－斯特劳斯的结构主义人类学的分析方法。在柏格森的《道德与宗教的两个来源》以后的法国，难道再没有道德宗教论的研究了吗？在寻找这个问题的答案时，我发现了列维－斯特劳斯的理论。列维－斯特劳斯的成名作是他的学位论文《亲属关系的基本结构》，后来他又完成了作品《神话理论》并开始从事神话研究。我的看法是，正是由于列维－斯特劳斯以结构主义的分析方法来解读神话，他才能通过人类共通的理论结构将神话的理论结构阐释清楚。

果真如此吗？当时《神话理论》在没有完成的情况下，我已经读完了第一、第二卷。虽然现在《神话理论》被整本翻译，内容极难理解，但是它里面有一个良好的导向。翻译列维－斯特劳斯的《野性的思维》的是法语学者大桥保夫。结构主义是从费尔迪南·德·索绪尔和罗曼·雅各布森等人的结构主义语言学开始的。作为语言学专家的大桥教授在其专题研究中，为学生们创造了学习索绪尔语言学的机会。索绪尔的《普通语言学教程》是学生们根据索绪尔讲授所做的记录，而不是索绪尔自己写的著作。在专题研究方面，更是着重介绍了详细的讲义录和索绪尔自己记录的论文集，学生们充分地学习了结构主义的分析方法[4]，同时也进行了许多贴近其理论的尝试。

尝试着对新古今的藤原定家创作的和歌与现代流行歌曲进行分析之后，我也尝试着对《古事记》中的神代神话做了分析。结构主义极度重视形式上的分析，几乎不会局限在文本的文意上。主导战后日本的神话研究的观点认为，神代神话中含有政治方面的伪造内容。若是那样的话，我想知道在结构主义的分析方法中完全地排除这种观点，再对神代神话的故事内容进行整理的话，结果会是怎样呢？

没想到，我得到了一个含义深刻的结果。对这个结果深入研究后，我终于发现神代神话中所讲的正是"稻作文化的世界观"。关于它的详细内容在我的论文《稻作文化的世界观》中已有记录，这里暂且略过，只对它方法论上重要的两点做论述。

第一点，神代神话往往是通过政治神话这种固有观念被理解的，结构主义的理解方式要摒弃这种固有观念，要以虚心坦诚的态度去考察和理解。这样的神代神话，起源自伊邪那岐、伊邪那美的故事，后来又诞生了居住在天岩洞穴里的天照大神、斩断八岐大蛇的须佐之男、海辛彦和山辛彦等神话人物，把这些编成童话故事和儿童的绘本会非常有趣。这些神话故事就是神代神话的核心。我把注意点集中在这些神话上，仔细分析了神代神话的结构。结果却有了意外的发现，原来，神代神话的故事可分为两大类型——"男女恋爱的神话"和"兄弟相争的神话"，神代神话（高天原神话、日向神话、出云神话）就是这两种神话类型的组合。

第二点，就是神代神话的结构所表现的内容是什么？我通过阅读柳田国男和折口信夫的作品以及寻访农村和祭礼中得到的构思、知识和经验，就可以很好地解释这一点。

　　柳田国男和折口信夫两人当中，柳田国男称日本的民众生活为"常民"，他试图以生活在日本列岛的山区和山地、孤岛等区域的"常民"生活为基础来构建新的国学。为此他收集了大量关于民众生活的资料，并用收集的资料为基础，以考察的批判性为支撑。这种解释神代神话结构的方法，就是《稻作文化的世界观》。这就是我得出的结论。

　　神话学和柳田国男的民俗学研究之间，有着不可思议的沟壑。不过，要按照恋爱神话和斗争神话的分类去阅读神代神话的话，就会发现神代神话是深深植根于民俗学所阐释的各种民间传统和民间祭礼中的。兄弟斗争的神话，与折口信夫的相扑起源论、柳田国男和折口信夫以及石田英一郎共同讨论的河童驹引的传说有着深深的联系。恋爱神话实际上是死亡的神话，其整体都在暗示着生与死，与折口信夫和柳田国男论述的转世投胎和复活再生的思想颇有关联。

　　依照这样的分析，得出的结论是：兄弟斗争神话象征的是伴随稻作文化的水神和土地神的斗争，恋爱神话所表现的是生与死的谜底。神代神话是在生死的谜底里，以稻作的过程为基础诞生的，也就是说，在稻作中可以看到的是播种-插秧时期，大地与大水相斗，最终失败，被大水所覆盖的场景。通过和大水的战斗，土地获得了肥沃的土壤，到了收获期便结出丰硕的果实。与此同时，生命也如同美丽的浅间大人①之死所象征的那样，死亡

---

① 　女神名，或叫木花咲耶姬。——译者

的终结得到了肥沃的生命土壤，最终获得新生。

与这种耕作周期重合的复活再生的生死观，广阔地分布在世界各地（伊利亚德，1963）。在欧洲，人们总是有一种作物果实会变成坏种的担忧，所以用交合的礼仪形式来祈求作物的丰收。在日本，也有一种象征稻子的雌性花蕊受粉的比喻表现，人们习惯上称之为"稻交接"。但是，即使是相同的农耕文化，播种于大地的天水旱田文化和在靠灌溉湿润的田地里培育水稻的稻作文化，两者的生死观在表现形式上还是存有差异。例如，将大地奉为母神的思想在稻作文化里就没有，稻作文化里所具有的思想是伴随着通往水中世界的死亡来思索生命根源的水中异界观。

如果说这样的研究和列维-斯特劳斯的神话学完全相悖的话，那就太夸张了。我研究的神代神话，正好与他的神话学有所区别。列维-斯特劳斯的神话学的研究对象，不是去阐释各种文化的神话结构，而是去阐释创造这些神话的人类理性的一般结构，详细内容我会在下一章节进行论述。我的神话研究所阐释的内容是，在稻作文化这种特定的文化背景下诞生的神话结构中表现出的稻作文化世界观。

我把研究成果整理成书再到发表，一共经过了15年。我参加了法国公费留学生的考试并且通过了，终于去了心心念念的海外，开始了自己的研究生活。围绕日本的农村，我一边埋头于神代神话的研究，一边进行了留学的考试。之所以能合格通过，得益于我一直坚持研究柏格森和列维-斯特劳斯，一直与如同咒语般难懂的法语恶战苦斗。

　　另外，多亏我研究了"稻作文化的世界观"，今后才能对非季风型稻作风土中形成的文化和世界观展开研究，这种新型的研究课题让我心潮澎湃。尤其是对于在与亚洲季风型风土完全不同的、和辻称为"沙漠型风土"的世界中，人们如何生存、思考这些问题充满了兴趣，我时刻惦记着在这种干旱地域展开文化的研究。

六　列维－斯特劳斯的结构主义和巴朗迪埃的政治人类学

·法国社会科学高等研究院（EHESS）的非洲研究中心

　　在法国，我的研究主题围绕非洲展开。我还打算在留法期间亲自去一趟非洲，如果可以的话，尽量在撒哈拉沙漠周边的干旱地域展开研究。

　　我留学的地点是法国社会科学高等研究院里的非洲研究中心。法国的大学历史悠久，大学的研究中心还保留着索邦大学的传统，学术上偏向于正统。在这个研究院，开设的学科包括人类学、社会学、心理学、人文地理学、社会心理学、情报学、亚洲和非洲学等等，这些都是为了适应新的学科领域而设立的研究模式，所以社会科学高等研究院是一所顶尖的高等研究性大学。

　　列维－斯特劳斯和莫斯科维奇、经济人类学的莫里斯·戈德里耶等代表法国的人类学者和社会学者都在这个学院，法国的非洲研究中心也设立在这个学院里。

我的导师是乔治·巴朗迪埃（Georges Ballandier），他通过其著作《撒哈拉以南非洲的现代社会学》与《政治人类学》被人们广泛熟知，他是法国人类学的重要人物，也是与列维-斯特劳斯齐名的人类学领军人物之一。巴朗迪埃是巴黎第五大学的教授，列维-斯特劳斯是法兰西公学院（Le Collège de France）的教授。两人也是社会科学高等研究院的教授（严格来讲应该是指导者）。

· 列维-斯特劳斯人类学的问题点

人们通常认为列维-斯特劳斯为人类学带来了革新，通过翻阅他的著作以及用他的结构主义方法去分析日本神话，我发现他的观点是陈旧的，或者可以说他是一位非常忠于西方近代思想，即传统的以人类精神为中心的人类学者。

如前面所讲的那样，欧美对社会人类学和文化人类学的定义是以未开化社会和文化作为对象的研究。那是人类社会在历史的发展中形成的过去的社会和文化，也可以认为那是一种带有原始状态的社会和文化。欧美的研究认为人类是从过去的原始社会和原始文化中偏离出来的，但是还保留着过去的社会和文化的残像。

而且，反复研究未开化社会和文化的结果表明未开化社会和文化具有多样性，未开化社会既包括历史变迁又包括与相邻社会的反复交流等因素，从而逐渐地有了一种认为世界上已经没有完全处于原始状态的社会和文化的观点，就是在这种情况下，列维-斯特劳斯登场了。

　　彼时，第二次世界大战蹂躏欧洲社会，纳粹分子残害虐杀犹太人，民族清理和种族差别思想横行，作为犹太人的列维－斯特劳斯以难民的身份逃到美国。当时，纽约的犹太难民创立了高等研究自由学院，机缘巧合下，列维－斯特劳斯在这个学院里结识了结构主义语言学者罗曼·雅各布森和一些其他的犹太裔文化学者。在他们的影响下，列维－斯特劳斯完成了结构主义人类学的范本[5]。

　　列维－斯特劳斯所研究的是人类精神的普遍性，他想证明即使文化和社会、民族和人种之间存在差异，但是人类有共同的精神结构，为了证实这个理论，列维－斯特劳斯全力以赴地进行研究。

　　列维－斯特劳斯首先以未开化社会中复杂婚姻规则造就的亲族组织为对象，进行了结构主义的符号论和交换论的分析，并利用这种分析方法合理地阐释了未开化社会的结构，提出人类最本源的、最初始状态的精神思考的理论结构（《亲属关系的基本结构》，1949）。

　　分布在世界上多样且复杂的婚姻组织和家庭组织，是西方人类学研究最艰难的主题之一。亲属关系中甚至包含疑似近亲相奸的婚姻制度，到底该以什么为参照来定义人类呢？这是一个必须解决的首要问题。

　　关于这个疑问，列维－斯特劳斯从交换论的立场给出了答案。他认为在婚姻制度里，由于女性是家族之间交换互惠原则的基础，把这种交换的理论解释清楚，也许就可以解开婚姻制度的谜底。而且，他是以结构主义的交换论的立场来加以论述的。这实际上是一种很巧妙的分析方法，列维－斯特劳斯的研究表明，复杂奇怪的家族制度和婚姻规则就好像数学中集合论的理论形式一样，是一种简洁明了的数量的整合。

比起亲族关系，列维－斯特劳斯更注重中南美神话的研究。他想证明结构主义的交换论在神话理论中存在并且发挥着相当的作用。

在人类中存在的相通的普遍的精神，是欧洲近代思想的核心——启蒙主义和人道主义思想所假设并试图证明的课题。列维－斯特劳斯的人类学理论发现了这种普遍的人类精神，引起了超越人类学范畴的强烈反响。

列维－斯特劳斯尝试的古典模型，也是德国的观念论哲学家康德的尝试。康德写了《纯粹理性批判》《实践理性批判》和《判断力批判》三本批判性书籍。所谓的纯粹理性、实践理性和判断力，是康德彻底地分析了人类全部的思维能力后制作的一览表。列维－斯特劳斯根据康德的自我反省的内省法做了同样的尝试，完成了对神话和亲属关系的分析，可以说是实证的尝试。但是，这种人类学的研究，没有把每一个具体的社会和文化解释清楚，只是阐释了各个社会和文化的构成原理——人的精神本身。而且，那是一种与数学理论非常相似的记号论型的人类精神。

就像列维－斯特劳斯的人类学著作《野性的思维》所揭示的那样，他保留了自然状态中的未开化社会的思想，他是一位以寻找生存在未开化社会中原始人的思考法则（那是人类共通的普遍的法则）为目标的人类学者，他也说过那种原始人是根本不存在的。但是对那种原始人的假定是理解人类的一个重要环节，列维－斯特劳斯就是站在这一立场的人类学者。他通过阐释人类的认知能力和思考机制，将人类作为一个整体来研究，我非常赞同他这种方法以及他问题意识的强大程度，但是他的研究和我的研究方向是不同的。

我意识到的问题是在风土和历史中生存的人才是该研究的对象。我用结构主义的方法进行的神代神话研究的目的，并不是总结人类普遍的神话理论，而是要找出生活在日本的稻作风土的稻作人民构筑的世界观。所以列维－斯特劳斯的神话分析以及他对中南美、大洋洲地区的神话世界的解释我是可以理解的，但是将他的理论当作人类的普遍理论的话，我是不能接受的。

抛开现实中的人和文化以及社会中的固有性和差异性，只研究人类普遍性的人类学，我断定这种理解人类的方法是错误的，并且这种人类学的目标也是难以实现的，就算是其目标最终实现，即人类因自身的精神与抽象的数学理论相通终于实现了平等，但是这样的研究成果对现今社会中各文化之间、各民族之间、各宗教之间的差别和对立起不到任何作用。归根结底，文化和社会中的固有性和差异性就是不该被否定的因素。如果说遍布在地球环境中的多样的部落、民族、文化和社会是从人类的历史中所诞生的话，那么其多样性之差异性中一定包含某种意义，找到这种意义不正是人类学的作用和价值吗？事实确实如此。

这并不是文化相对主义，真正的文化相对主义强调的是不同文化的固有性。而且把文化从历史和风土中孤立出来，不管是正面评价还是负面评价，都有一种予以绝对的价值评价的倾向。我注重的是具有固有性的多样的文化、多样的民族、多样的社会、多样的价值体系，既是互相争执的对立体又是相互依存的动态综合体的人类文化，以及根据它多样的相互作用产生的人类文化的生机勃勃的创造价值。

固有性和差异性虽然有可能成为相争和歧视的原因，但孕育人类动态文化的、使人类文化全体更加丰富的不正是固有性和差异性吗？异文化与异民族的共存－交流的成立并不是因为他们的性质相同，也许正是因为他们互不相同才成立的。所谓人类文化，不就是以这些多元文化、多元民族的差异性为核心的动态综合体吗？那些认为差异性会引起相争和歧视的想法，是对差异性的考察不够深刻的表现。人就是因差异才存在的，就像在一个家庭里，既有男人和女人的区别，又有儿童、少年、少女、青年、成人、老人的区别。人们就是在这种差异中生活的。

我想去非洲，并不是想去那里找到普遍的人性，而是想找到那片土地固有的风土和历史孕育出的独特的人性、独特的生存方式、独特的价值观，说到底就是我未曾见过的人。所以，我想再一次思考人到底是什么。思考方法之一就是结构主义的分析法，我想着如果给出一个限定的话，是否会有效果。

· 巴朗迪埃的现实动态社会人类学——政治人类学

在巴朗迪埃的理论中，已经没有未开化社会、自然社会这类幻想了。巴朗迪埃在1951年因论述了旧法属刚国，凭借《撒哈拉以南非洲的现代社会学》获得了学位。他的研究并不是把社会学的研究方法照搬于非洲社会之类的研究。

　　撒哈拉以南非洲，一直被认为是人类学研究的未开化社会的典型。未开化社会是历史开始之前的人类社会，它对于历史社会中孕育出的近代人来说是异世界。但是，巴朗迪埃认为，被法国殖民了50年的非洲一直处于"殖民地状况"，是现代世界的一部分。这样的话，撒哈拉以南非洲就不再是人类学的研究对象了，已经转变成为社会学的研究对象。而且撒哈拉以南非洲的社会在独立以前一直处于混沌的状态。各种各样的思想、政治立场渗透到它的社会内部造成了混乱，使这片土地成了一个背叛和民族抗争、恐怖事件和暗杀事件时常发生的旋涡世界。这种情况下的非洲社会，可以说是一个充满骚乱的社会，巴朗迪埃却想冷静地观察和分析它，并且试图阐明它内部各社会的动态理论，这就是巴朗迪埃的人类学的独创性，他的研究成果即使在现代也是研究非洲的重要材料。

　　对于立志要研究现实社会的动态理论的巴朗迪埃来说，政治性是一项重要的主题。他陆续发表了《政治人类学》《意义和动力》《人类－伦理学》等研究社会动态理论的著作。但是，他眼中的政治性，不是狭义政治学中的政治，而是潜藏在混乱、动态的现实社会深处起作用的政治性，这种政治性既包含综合原理，又包含分裂原理。巴朗迪埃的研究是从现实的混沌和偶然中脱离，寻求不动不变的法则或哲理，既研究变化又整合变化的理论结构，他想借着这种理论结构来说明研究对象。如果把他的研究当作19世纪的人类学或者社会学的方法的话（标题叫作"秩序和进步"的短篇），那么他的政治人类学就是以理解现实社会为对象的动态人类学。

巴朗迪埃的研究被认为是在文化研究领域中建立了体系的社会结构的发现，属于英国社会结构机能主义人类学，与美国的文化模式主义人类学是相互对立的。巴朗迪埃也是一位师从乔治·古尔维奇（Georges Gurvitch）的社会学者，仔细观察他的社会学认知传统的话，不难发现他的理论与自孔德至涂尔干的静态体系论的社会学是完全对立的。孔德的研究主题是有秩序的进步，进步的内容中包含偶然、混沌、退步这些附属品。他的主张正是巴朗迪埃的立场。

巴朗迪埃在实践上非常下功夫，他曾与人文地理学者索特（Sauter）一起做实验，并且认为人类学研究离不开地理学研究。和他同时期居住在刚果的基尔·索特曾经把热带雨林包围的刚果殖民地的残酷现实用地理学的观点详细地写成了一本1000多页的巨著《从大西洋到刚果河》（Sauter，1956）。

巴朗迪埃和索特培育了许多研究非洲现实的人类学者、社会学者以及地理学者。这些发表实验的学者大多是准备国家级博士论文的研究骨干。连《现代世界体系》的作者伊曼纽尔·沃勒斯坦也是在巴朗迪埃的指导下学习的学生之一。

但是我对巴朗迪埃的动态社会人类学有一些不满意的地方。原因是这种观点太注重人类社会的动态性，以至于将地球上展开的人类各文明当成一个综合体来看待，却没有充分地解释生活在地球上的人类有何存在意义（沃勒斯坦做了这样的尝试）。与这种观点对立的就是列维－斯特劳斯的结构主义，但是列维－斯特劳斯观点的弊端是过分地脱离了现实。另一个与它对立的观点是马克思主义人类学，但是，仅包含实践论的马克思主义人类学虽然也是动态的人类学，但是难以脱离教条主义的束缚。尽管这样，在巴朗迪埃的影响下依然出现了许多马克思主义人类学者。

我跟从巴朗迪埃学习了一年之后，就踏上了去往非洲的旅程。我把巴朗迪埃和索特的学问当作研究对象的原因是他们所研究的热带雨林地区的刚果与我研究的撒哈拉南部干旱地域的北非正好相反。那时候我才29岁。

一直以来养育我的是季风型风土，与它相对的是干旱风土，就是和辻哲郎称作沙漠型风土的世界，我前后用30年的时间，频繁地造访了这片区域。

我乘坐飞机从撒哈拉上空已经飞过50回以上。从飞机窗户看到的场景现在已经记得不太多了。记得第一次的时候，我从巴黎出发经过了地中海、北非、撒哈拉，飞行途中我的脸一直对着飞机窗户俯瞰地面。在这片广阔的沙海世界中，人们是怎样思考、怎样劳动、怎样生存的呢？一个接一个的疑问涌上了我的脑海。

这之前我以宗教学徒的身份阅读了西田几多郎的虚无哲学、黑格尔的浩大的精神现象学和历史哲学、柏格森的创造进化论、海德格尔的实存哲学《存在与时间》以及和辻哲郎的风土论、梅棹的文明生态历史观，还有列维－斯特劳斯的结构主义人类学和巴朗迪埃的政治人类学。我一直想弄明白，以上这些哲学理论真的能清晰地剖析恶魔般巨大又严酷的撒哈拉沙漠吗？

/　注释　/

1. 关于欧洲中世纪基督教世界观，参考拙论（岛田，2006）。

2. 海德格尔，1997。有桑木务译本《存在与时间》（共三卷，1960，岩波文库），还有原佑和渡边二郎共同译本《存在与时间》（共三卷，2003，中央公论新社）。

3. 伊本·白图泰（ibn Batūtah），出生于摩洛哥，历经30年，踏上了游览欧亚非大陆旅途的大旅行家，著有《伊本·白图泰游记》（1996—2002）。玄奘，唐朝时期的佛僧，从629年到645年的17年间在印度学习佛法，著有《大唐西域记》（1999）。勒内·卡耶（René Caillié），1816年到1830年间住在非洲，欧洲第一位只身前往非洲并完成横穿非洲大陆的法国探险家，著有《卡耶》（1979）。海因里希·巴尔特（Heinrich Barth），从1850年到1855年的5年间在西非中部的苏丹国进行探险的德国探险家，著有《巴尔特》（1965）。

4. 比《普通语言学教程》的主要材料来源——讲义录更详细的讲义集《普通语言学教程校证本》（1967），由恩格勒（Engler）所编写。戈德尔的著作（Godel，1957）也提供了新的原材料。

5. 雅各布森提出了语言学和人类学共同的结构主义方法的最重要的说明（1977）。

第二章
撒哈拉文明与撒哈拉以南非洲文明

一　摩洛哥行记——撒哈拉文明的一大据点

· 从巴黎到摩洛哥的旅程

　　第一次踏上非洲这片大陆，我来到了摩洛哥的北端、直布罗陀海峡对面的丹吉尔市，那是1978年12月25日，圣诞节。

　　那一年和我一起在巴黎社会科学高等研究院的非洲研究中心学习的同学，大部分都是非洲人。他们是非洲各国的政府或者法国政府资助的公费留学生，也就是非洲学生的精英，他们对非洲的现实有着强烈的问题意识。

　　例如，来自马里的敦比亚，他的研究都是针对马里的资产阶级商人。而我对非洲的印象，一直都是"未开化社会"，根本不敢用资产阶级和无产阶级这些概念来谈论非洲，连想也不想就问出了"非洲还有资产阶级吗"这种问题，结果被敦比亚君严厉地责备了一顿。

从此，我便想尽快亲眼去看看现实中的非洲，越早越好。

抱着这种想法，在12月的一天，我得知有从巴黎发往摩洛哥南端的大巴车。从巴黎到摩洛哥南部，单程就有3000千米，但是从花都巴黎出发的话只能坐大巴。心想着应该不会很辛苦吧，于是我决心乘坐大巴，随它前往撒哈拉沙漠的北端。

不过话说回来，如果要是乘坐大巴车的话，我还得去环境特别差的工厂街道等车。辛辛苦苦等来的大巴车也是车顶上堆满行李的破旧公车。这种大巴是专载摩洛哥到巴黎的外出务工者和嬉皮士（Hippy，用来描写西方国家20世纪60年代和70年代反抗习俗和当时政府的年轻人）的，更没有餐食和卫生间之类的服务。

我和其他乘客有着同样的待遇，于是着急慌忙地跑进一家杂货店，买了一坛朗姆酒，我知道抵达直布罗陀海峡，将近走三天两夜的路程，所以打算慢悠悠地喝朗姆酒，忍受这段路程。

· 丹吉尔市

多亏有朗姆酒，我还在睡梦中公车就穿过了伊比利亚半岛，等到天亮的时候已经到达直布罗陀海峡，就是那个改变了非洲和欧洲历史的海峡。早上，我坐着轮船渡过了这个被染成粉色的海峡，海面就像湖水一般平静，海峡的最短距离仅仅14千米，两岸可以互相观望。

上岸后就是摩洛哥丹吉尔市的旧市区，石造的街道就像狭窄的迷宫一样错综复杂。街道上，播放着忧伤的阿拉伯乐曲。

我住在旧市区的石造旅馆里。住宿费不高，房间铺着摩洛哥地毯，床铺的装饰充满摩洛哥风情，墙壁和窗户、桌子、衣柜等也凸显摩洛哥情调。看到这些，有种想法强烈地涌现出来，我终于来到了阿拉伯和伊斯兰世界的摩洛哥。尽管伊斯兰化程度深厚，但是摩洛哥的街道中还是有繁盛的本土文化氛围。这是什么缘故呢？

走在丹吉尔的旧市区，能看到街道两侧的地摊和商铺里摆放着各种各样的农产品，橘子、葡萄，还有无花果、石榴、西红柿、甜瓜、西瓜、橄榄、胡萝卜、洋葱、生菜、色拉菜、南瓜、小麦、豆类、大蒜、芝麻、生姜、蘑菇等等，水果、蔬菜和谷物应有尽有，琳琅满目，甚至还有从撒哈拉沙漠的绿洲中采集的椰枣，这些农作物并不是零七碎八地摆放，而是经过细致整理后才开始售卖的。后来我发现阿拉伯伊斯兰文化里有爱整理的习惯。

旧市区里售卖的肉类中以羊肉为主。此外，还有许多香辛料的商店，月桂、肉桂、胡椒、丁香、藏红花等，种类纷繁，数目众多，很难一一列举。在禁止饮用酒精饮品的伊斯兰世界里，使用香辛料烹饪的食物非常受欢迎。在饮品类中，加入大量砂糖和薄荷叶的红茶是摩洛哥的特产，这类饮品店随处可见。

绒毯和地毯店、皮制品店、金属工艺品店、售卖金银宝石的贵重金属店、布店、服装店等鳞次栉比。走进绒毯店和皮制品店，里面陈列了许多商品，就像是把批发店和小商店合并起来的店铺。

作为一个王国的摩洛哥，洋溢着一种王国的豪华文化，商人们都很气派，要价也很大胆，深厚的商业文化显而易见。

·西班牙－摩洛哥的伊斯兰文明背后的撒哈拉贸易

丹吉尔有一座历史博物馆，通过这座博物馆，可以知晓这里长期动乱的历史。

作为伊斯兰城市的丹吉尔的历史要追溯到8世纪初期，有着和奈良古城相同的历史年代。伊斯兰教在麦加形成的年份是伊斯兰历元年，相当于公历622年，形成以后，伊斯兰大军顷刻间就席卷了北非。

公元8世纪，伊斯兰军队渡过直布罗陀海峡征服了伊比利亚半岛。不仅如此，大军还越过比利牛斯山脉，进入法国的波尔多境内，一直攻到了波瓦第尔。之后，大军准备一举拿下波瓦第尔，但由于波瓦第尔周围都是断崖，是一座将城区建造在圆筒形山丘上的要塞都市，这导致穆斯林军队想要攻取城市的战略最终失败。

临近8世纪的时候，穆斯林在伊比利亚半岛创造了繁荣的文化。西班牙的格拉纳达、葡萄牙的里斯本等许多城市都是随着伊斯兰时代的到来而形成并繁荣起来的，即使到现在，这些城市依然是西班牙和葡萄牙的著名观光地。

除此以外，这次旅行让我切实地体会到绝不能忽略丰富的北非马格里布文明。马格里布在阿拉伯语里的意思是"日落之地"，相当于从利比亚一带到突尼斯，再经过阿尔及利亚直至摩洛哥的北非西部地区。

　　马格里布的历史非常悠久，从公元前1000年前开始，被马格里布和西班牙包围着的西地中海一直是迦太基人统治的地区。迦太基人在突尼斯的地中海沙洲上建造了一座很小的港口城市，因此，以迦太基人为主的腓尼基人掌管了地中海上的海洋贸易。公元前2世纪的时候，罗马的势力开始扩张，地中海到底是属于罗马还是属于迦太基的斗争反复展开。

　　经过三次战争，打败迦太基人的罗马人建立了环地中海的罗马帝国。"非洲"这个名称，是源自罗马帝国设立的以突尼斯为中心的省名"伊非利加"。

　　伊非利加当时被称作罗马的谷仓，是一片农业生产丰饶的土地。奠定中世纪基督教神学基础的奥古斯丁曾经是伊非利加的一个村镇祭司。公元5世纪，西罗马帝国因日耳曼人的侵略分崩离析。

　　公元7世纪后半叶，初生的伊斯兰势力以电光火石般的神速席卷了北非，到了8世纪，伊比利亚半岛也变成伊斯兰势力的统辖地区。马格里布和西班牙也重新恢复了往日的繁荣。

　　马格里布繁荣的背后，有一条同迦太基和罗马文明同时建立的环撒哈拉沙漠的贸易路线。随着北非的伊斯兰化，在撒哈拉沙漠形成了长距离的贸易路线。撒哈拉贸易为撒哈拉沙漠以南的非洲带来了大量财富，这些财富流入马格里布，更流入摩洛哥。流入的黄金在摩洛哥和伊比利亚半岛地区被铸造成金币。大多数有关撒哈拉以南非洲和伊斯兰文明的古老记录，都是阿尔·巴格里（AlBagr，1014—1094）[1]等来自伊比利亚半岛的穆斯林学者完成的。

无论是政治上，还是时间上，撒哈拉的政治势力都彻底地吞并了摩洛哥和西班牙。例如公元11世纪，在毛里塔尼亚的撒哈拉沙漠南部发生的阿尔穆拉维德之战，战争期间撒哈拉的政治势力兼并了摩洛哥，建立了疆域直至伊比利亚半岛的大帝国，摩洛哥南部的古城马拉喀什就是大帝国当时的首都。

· 世界的旅行家和历史学家

摩洛哥是以撒哈拉沙漠为中心遍布非洲北半部分的国际文化、经济体系的文明中心。

摩洛哥文明有两个象征性人物，其中一位是在丹吉尔出生的旅行家伊本·白图泰。白图泰在21岁时，即1325年开始到1354年这30年间进行了环世界旅行。他的足迹遍布中东、印度、中国以及非洲大陆和欧亚非大陆全域。当他返回摩洛哥的时候，奉摩洛哥－马里王朝皇帝之命，于1355年写成《伊本·白图泰游记》。家岛彦一氏把他的旅行记翻译成了整本八卷的日语版本。

另一位是《历史绪论》的作者伊本·赫勒敦（1332—1406）。他出生于突尼斯，先后在马里王朝、哈夫斯王朝为官，后来在开罗的马木留克王朝做了大法官，之后成了有名的大人物。

伊本·赫勒敦的历史理论称，城市和国家文明是沙漠地带刚毅的游牧民攻击丰饶的农耕地带的产物。只是，城市生活慢慢地同化了沙漠民族，以至于被另一沙漠地带的刚毅民族所消灭。历史就是这样反复上演的。回头看在撒哈拉沙漠西北端频繁发生兴亡更替的马格里布王朝文化，就会发现伊本·赫勒敦的历史理论极具说服力。

说起14世纪，正是欧洲处于"黑暗的中世纪"的时期，那个时候，在马格里布出现了大量走遍世界的大旅行家和讲述庞大历史观的历史思想家。

· 收复伊比利亚半岛引发的混乱

伊斯兰文化在伊比利亚半岛的繁荣终结于基督教势力对伊比利亚半岛的收复（原文来自西班牙语Reconquista，意为收复失地或重新征服）。这次收复表面上是基督教文化的荣耀胜利，实际上是多次对居民的大量屠杀。里斯本博物馆是里斯本被收复后民族大屠杀的物证，那里可以把当时的情形完整地复原出来。1492年完成收复失地运动的基督教王朝同年颁布了针对犹太人的驱逐令。就连与穆斯林王朝缔结良好关系的基督教居民也认为收复失地运动极度残酷。

最后，不仅是伊比利亚半岛仅存的穆斯林居民，连基督教居民、犹太居民都沦落为难民，他们被迫渡过直布罗陀海峡流落到摩洛哥境内。在15世纪到16世纪期间旅居非洲，书写了《非洲纪行》的利奥·阿非利加努斯（Leo Africanus，1483？—1555？）也是大逃亡中的难民之一。

大量涌来的伊比利亚难民让摩洛哥当局很是烦恼。16世纪末，摩洛哥王曼苏尔将自己国家的军队组建成一支远征军派往撒哈拉南部。最终，远征军消灭了撒哈拉南部的繁荣的桑海帝国。旧桑海帝国的中心直到19世纪初期仍然是摩洛哥的辖地。即使现在，遗留下来的摩洛哥主义依然认为撒哈拉沙漠南部至通布图的萨赫尔地带属于摩洛哥。这种观念源自当年摩洛哥对桑海帝国的入侵。

西班牙在1492年完成对伊比利亚半岛的收复。同年，哥伦布获得了西班牙女王伊莎贝拉一世的支持，从地中海的巴塞罗那港起航，穿过直布罗陀海峡率领船队进入大西洋，紧接着横渡大西洋到达了加勒比海。

从哥伦布成功横跨大西洋开始，世界正式迎来了大航海时代。欧洲人发现新大陆并大量移民到那里，消灭了印加等旧大陆帝国。同时将此前未被利用的大西洋、印度洋以及太平洋开拓成输送物资和人员的航船路线，成就了支配世界政治和军事的主导地位。

随着这一系列事件的发生，连接地中海与大西洋的直布罗陀海峡也成了帝国列强互相争夺的战略要地。时至今日，直布罗陀海峡靠近西班牙一侧的直布罗陀市还是英国的辖区，而靠近摩洛哥一侧、与丹吉尔市接邻的塞卜泰市附属于西班牙。第二次世界大战期间，以丹吉尔为中心的摩洛哥北部被联合国划分为公共管理地带。

· 以旅游业立国的摩洛哥

摩洛哥的领土南北狭长，阿特拉斯山脉从摩洛哥的中央向南北延伸。阿特拉斯山脉东侧的山麓地带是撒哈拉沙漠，西侧与大西洋相对，山区内植被丰茂，郁郁葱葱。地中海气候为摩洛哥带来许多恩惠，使这里生长出各种各样的蔬菜和水果，这里的橘子鲜嫩水灵，汁水如血液般红艳。像卡萨布兰卡和马拉喀什这样魅力迷人的城市在摩洛哥随处可见。

相对于摩洛哥的历史，阿特拉斯山脉东侧的山麓地带也是一片重要区域。这片山麓地带是贸易商队穿过撒哈拉沙漠进入摩洛哥的入口，也算是贸易商队的派遣地带。当地的豪族把商队运来的黑人奴隶编入自己的军队，不停地壮大自己的政治权利，这些人常常是新王朝的建设者。

我在摩洛哥的旅行，从丹吉尔出发朝南前进，乘坐大巴车沿大西洋一侧游览了不同的城市，一边住宿一路南下。途中经过的城市有首都拉巴特、摩洛哥第一大城市卡萨布兰卡、古都马拉喀什、大西洋海岸边的犹太城市阿加迪尔以及国境城市提兹尼特。越往南走，越能发现用土坯建造的街道增多，风土也变得干燥起来。即使这样，还能看见小麦在赤红的大地上坚韧地冒出嫩芽。

我的旅费在丹吉尔就已经使用殆尽，幸亏摩洛哥的物价便宜，我还能支付得起交通费用。但是住宿费和餐饮费对我来说是负担，在摩洛哥，有许多住宿费在1000日元以下的旅店，西餐厅里的餐食、蔬菜和水果、肉类什么的都很廉价，店门口烤制的大面包几乎用手握不住，夹着烤羊肉的摩洛哥汉堡只要十几日元就能买到，还有十几日元的红茶，再花50日元买上一串葡萄和两三个橘子，足以享受一顿豪华的饭食。

摩洛哥有许多古典风情的街道，就是在卡萨布兰卡这样的大都市，近代街区的旁边也保留着旧市区。这并不意味着摩洛哥是严格意义的殖民地，由于摩洛哥是受法国保护的国家，所以过去那些繁荣王朝留下的历史遗迹才能免遭殖民活动的破坏。

在上一代国王哈桑二世在位时期，摩洛哥官方大力推行旅游观光政策，但没有像阿尔及利亚、突尼斯、利比亚那样出产石油，反而是凭借拥有众多的历史文化遗产。再加上气候适宜，成了欧洲人夏日度假、冬日避寒的最佳观光地。因此，这里的古旧街道和工艺文化以历史文化遗产的形式被完好保存，还建造了许多旅馆，当地甚至推行了避免住宿费高涨的观光政策。

· 撒哈拉人民建设的古都马拉喀什

被联合国教科文组织指定为世界文化遗产城市的马拉喀什，是摩洛哥极具代表性的古都。历史回到公元11世纪，信奉伊斯兰教的来自撒哈拉的阿尔穆拉维德人通过征战建立了阿尔穆拉比特王朝（又称阿尔穆拉维德王朝），1071年建立帝国首都马拉喀什。现在，马拉喀什市区内还有许多旧王朝的宫殿。

塔尖高达69米的美丽的库图比亚清真寺，是1147年推翻了阿尔穆拉比特王朝的穆瓦希德王朝时期的建筑物。

阿尔穆拉比特王朝的遗韵还保留在被称为"foggara"（坎儿井）的暗渠式地下水路中。坎儿井是撒哈拉绿洲生活的灌溉体系的基础，这种供水工程把山麓和悬崖边的水源用暗渠式地下水引到田地里灌溉椰枣。选择地下水路的原因是为了避免蒸发，因为明渠式引水会使珍贵的水资源在流到椰枣田之前全部蒸发。

撒哈拉人民构建的马拉喀什街道和生活同过去的农田一样，

都是依靠坎儿井水道工程从高阿特拉斯山脉的山麓引取水源的。在马拉喀什的街道中还有带喷泉的公园和宫殿庭院，每当天气转凉进入冬季，摩洛哥的贵族就会到这里避寒。

马拉喀什旧市区的杰马夫纳广场也是久负盛名。白天，这里有舞蛇和许多节目表演，还有各种各样的小贩并排摆摊。到了夜晚，许多市民以及女性和儿童就会来到广场纳凉。广场周围的咖啡店和西餐厅以啤酒庭园的规模并排坐落。尽管广场的游客络绎不绝，但夜晚的访客绝大多数是当地居民。夜晚的杰马夫纳广场，年轻女子们会穿着夏衣在摊位并排的夜市里熙熙攘攘，简直跟日本举办祭礼活动的夜景一模一样。

马拉喀什的旧市区在1985年被联合国文教组织指定为世界遗产。2009年，杰马夫纳广场也被联合国文教组织指定为世界非物质文化遗产。

·阿加迪尔——犹太人的城市

从马拉喀什向南迈进，便会迎来更干燥的风土。

此后我又来到了面向大西洋的度假城市阿加迪尔。阿加迪尔虽然是配备丰富度假设施的沿海观光城市，然而最初的阿加迪尔只是一座建在山岗上的犹太人城市。1960年，这里发生了大地震，日晒砖建造的城市遭到严重破坏，被迫搬迁至山脚下。

摩洛哥有很多犹太人建造的城市。

位于阿特拉斯山脉的东侧、自古都马拉喀什起横跨阿特拉斯山脉的地带，有一座名叫扎戈拉的犹太小城。扎戈拉的意思是"大卫"。牵着骆驼的商队从这个小城出发横跨撒哈拉，经过五百二十来天的跋涉，才到达马里的汤布图。我初次考察扎戈拉，是我第二次去摩洛哥的时候，令我惊讶的是这个撒哈拉交易据点城市竟然是犹太人的城市。只是当时已经没有犹太居民了。随着以色列的复国，居住在城中的犹太人都回到以色列了。

伊斯兰教对犹太教和基督教一直持有敬意。伊斯兰教是一个尊奉穆罕默德为先知的预言宗教，犹太教与伊斯兰教同样是尊奉先知的宗教。对于穆斯林来说，穆罕默德是最后一位先知。不过摩西和大卫等犹太先知以及耶稣基督都被尊奉为伊斯兰教的先知。因此，犹太信徒和基督教信徒在伊斯兰社会中拥有信仰的自由，且保有一定的社会权利，生活在和平里。中东的埃及、叙利亚、伊拉克、黎巴嫩等国家也住着许多基督徒。

罗马帝国严重歧视犹太教徒，甚至会大量虐杀犹太人。耶稣基督的时代，由于希律王一味地讨好罗马帝国，所以耶路撒冷境内的犹太人能免遭残害。然而，等希律王死后，犹太人对罗马政府的不满情绪高涨，甚至引起了军事暴动，发展为第一次犹太战争（66—73）。暴动结果导致多数犹太人被罗马政府杀害，一部分犹太人沦为罗马帝国的奴隶，连希律王修缮的神殿也被破坏；据说被堵在马萨达要塞残害的犹太人就多达960人。132年到135年之间，爆发了第二次犹太战争，本次战争中犹太人照样被大量屠杀。从战争和奴隶中逃离的犹太余民最后逃亡他国，沦为流民。其中有一部分人流落到了北非和撒哈拉地区。

罗马帝国初期，基督教徒也遭到了罗马政府的残酷逼迫，多有信徒为此殉教。基督教对政治采取的态度向来是不抵抗。而为了维持信仰，基督徒甚至在地下墓穴举行聚会，他们毫不动摇。结果，基督教在罗马帝国逐渐传开，最终登上了罗马国教的地位。

基督教繁荣的地方是地中海东岸的东罗马帝国内部。作为罗马教会总坛的西罗马帝国在476年灭亡。所以，罗马教会失去了政治权利的庇护。在这期间，掌管东罗马帝国的基督教东正教派传到了意大利，彼时的罗马教会已如风中残烛。西欧最早的王朝梅洛温王朝成立后，兰斯的主教为法兰克族的英雄克洛维以及他的部下们施行了罗马教的洗礼（481），并且帮助克洛维顺利称王，也借此拯救了罗马教会。随着克洛维王朝成立，罗马教会掌控了王朝的宗主权。之后的历任新国王都由教会指名，就连查理曼大帝也是经罗马教会加冕后（800）才继承罗马皇帝的。新罗马王朝就是日后的神圣罗马帝国。之所以叫作神圣罗马帝国，是由于基督教是世界帝国——罗马帝国支持的宗教，所以新生的西欧帝国赋予它这个名字。结果导致欧洲在教皇和皇帝的合力统治下逐渐步入中世纪。神圣罗马帝国以下是欧洲的各小国。这种帝国体制下，就算在王国中，非基督徒的犹太人也无法获得市民权利。首次赋予犹太人公民权（国民权）的国家是大革命之后的法兰西共和国。

· 撒哈拉的入口提兹尼特

虽然是短暂的旅行，我还是去了摩洛哥最南边的城市提兹尼特，这个城市几乎与撒哈拉连为一体，是一片荒凉的原野，市区里的泥墙壁方形房屋沿道路分散坐落，马和驴还有骆驼经常穿行其中。南北狭长的摩洛哥的南部，被撒哈拉沙漠的沙海所包围。

虽然南部属于摩洛哥，但是提兹尼特再往南便不能通行了。因为提兹尼特以南有一片曾属于西班牙殖民的撒哈拉区域，过去为了领属问题，还发生过独立运动。当时，西撒哈拉居民（西撒哈拉人民解放阵线）主张西撒哈拉独立，而摩洛哥当局认为西撒哈拉原本是摩洛哥的领土，理应归属摩洛哥，双方产生了矛盾，展开了长年的武装对立。所以提兹尼特的南边，坚决禁止游客通行。

西撒哈拉的领属问题，依照摩洛哥当局的主张，中途得到缓和，但双方的冲突没有完全消除。2002年非洲联盟（AU）成立，并且认定西撒哈拉为独立国家，摩洛哥方面对此表决仍然持否定态度。

提兹尼特南边设有阻止通行的路障，站在这些路障的面前，我对撒哈拉南边的非洲世界十分向往，无奈只能朝北折返。

当时我的旅费已经所余无几，不过倘若想吃夹羊肉的摩洛哥汉堡、加薄荷叶的摩洛哥红茶、一串甘甜的葡萄、汁水鲜红的橘子的话，数百日元就够了。通过穷游世界的经历，我领悟到平民的饮食生活富裕与否，可以衡量该国家和地区文明与否。

二　撒哈拉文明——贸易与绿洲的多部族文化

·依靠骆驼的撒哈拉贸易

以摩洛哥旅行为开端，我开始研究非洲的环撒哈拉干旱地域的生活。我长期并反复调查的地区是撒哈拉以南的黑色人种生活的萨赫尔－苏丹地区。首先从连接北非的白色人种文化和撒哈拉以南的黑色人种文化的媒介——撒哈拉文化说起吧。

赶着千余头的骆驼长途跋涉个把月的商队，贯通了撒哈拉的长距离交易。

骆驼可以一个月不吃不喝在撒哈拉沙漠中行走。而且，如果商队在沙漠中迷了路，水和食物都用尽的时候，可以宰杀骆驼维生。因为骆驼的肉不仅可以食用，它体内储存的大量的水还可用来解渴。骆驼肉的弹力跟橡胶一样，肉质筋道，嚼起来特别费劲。骆驼是除大象以外世界上最大的家畜。如此巨大的家畜却诞生于水分和食物稀缺的沙漠，这真是生命历史的奥秘。据动物学家称，在食物资源充足的环境中生长的动物体型偏小，而在食物资源稀缺的环境中生长的动物体型偏大，这是动物生长的倾向。

骆驼分为单峰骆驼（Camelus dromedarius）和双峰骆驼（Camelus bactrianus）。英语里的"camel"指的是双峰骆驼，有一种香烟的品名就叫camel，包装盒上还印着双峰骆驼。

双峰骆驼主要分布在欧亚北陆的寒带干旱地域，公元前3世纪左右开始被人们用在丝绸之路的贸易中。所以对双峰骆驼的使用已经有很久的历史了。双峰骆驼比常用的驮畜单峰骆驼更加强

壮和健康。对于见惯了单峰骆驼的人们来说，双峰骆驼简直相当
于驮马。

　　单峰骆驼大多分布在阿拉伯半岛到非洲的区域，英文叫作
"dromedary"，它的脚又长又细，是一种聪明的动物。单峰骆驼
首次引进非洲是在公元元年前后，从公元4世纪开始，单峰骆驼
在撒哈拉沙漠中被大量使用，公元7世纪到8世纪左右，伊斯兰军
席卷北非的时候，单峰骆驼的使用已经普及化了。单峰骆驼也可
以在战争中使用，尤其是一种叫作"梅哈里"的单峰骆驼。这种
骆驼因被沙漠游牧民族图阿雷格族的战士骑用所以非常有名。不
过，到了8世纪的时候，伊斯兰王朝统一了北非到伊比利亚半岛，
单峰骆驼成了横跨撒哈拉贸易使用的驮畜，对撒哈拉的贸易发展
和伊斯兰文明向北非的扩展做出了巨大贡献。

　　横穿沙漠的时候，骆驼商队通常都是夜间赶路。在酷热又
刺眼的太阳光照射下，沙漠除了沙砾和碎石之外毫无生机，商队
行走在其上无异于沐浴太阳辐射和在炙热的铁板上行走。而在晚
上，不仅气温凉爽，天上的星宿还能做向导，撒哈拉的图阿雷格
社会，就经常使用以南十字星为标志的银制吊坠和戒指。

· 撒哈拉的骆驼商队

　　进行撒哈拉贸易的是怎样的商队呢？法国人勒内·卡耶将他
们的一切详细地记录在了旅行记上。

　　19世纪前期，卡耶只身从几内亚海岸北上，途经杰内、通布
图，横跨撒哈拉沙漠抵达摩洛哥。他是历史上第一位由南至北穿

越非洲大陆的欧洲人。卡耶是幼年时被欧洲人拐走的阿拉伯人，他本想逃离欧洲返回家乡，后来随着本地的商队踏上了去往非洲的旅行。这次旅行他身无分文，独自一人历经艰难。但是，他把每一天的旅途所见都记在日记本上，并把自己的日记整理成旅行记出版，这些日记是记录非洲商队的宝贵资料（Caillé，1979）。

根据卡耶的记载，他于1828年的5月1日从通布图出发，目的地是摩洛哥的南部。他从通布图向着西北方向斜着穿过了撒哈拉沙漠，途中没有绿洲，到哪都是荒无人烟的沙漠。

商队原本只牵着600头骆驼，由于中途和其他的商队相遇，两队组成了共1400头的大骆驼队。随行的人多数是奴隶，有400人。每头骆驼的负重是250千克（负重量是我得到数据的两倍）。驮负的货物包括鸵鸟翅膀、象牙、布匹和衣物、阿拉伯橡胶（采集自金合欢树），再者就是奴隶了。贸易商人还带着各样的金块，但是金块都被藏起来了。

商队总是在夜间前行。时间段基本在深夜11点到第二天上午11点、下午5点到第二天10点、下午4点半到第二天9点。白天是睡觉的时间。

商队赶路时骆驼并不是排成一列，每个商人都牵着数头骆驼，组成一小队，每个小队都可以自由灵活地行走。商队的领头人被称为赛义德（伊斯兰教中对老师的称呼）。

路途中，没有障碍物和绿洲。因此，每天下午的三四点钟，商队仍然行走在路上。如果遇到牧草地的话，骆驼的饮水和饲料就都解决了，商人们会让骆驼休息整整一天。有时候为了让骆驼休息，商队会停留将近7天。这段时间里，商人们会煮大米饭来食用，因为路途中的饭食经常是水、玉米粉、蜂蜜搅拌成的饮料，所以米饭是大伙儿心仪的食物。

7月13日，商队抵达摩洛哥扎戈拉附近的大绿洲——艾尔哈米特。74天的撒哈拉之旅结束后，卡耶从商队中逃离，在居住在街上的犹太工作人员的帮助下，他找到了摩洛哥的法国领事馆。

· 考察撒哈拉的绿洲

撒哈拉的长距离贸易之所以能长期发展，离不开沙漠中的绿洲。所谓的绿洲，是利用沙漠和干旱地域的河流和地下水灌溉农田的园艺村。撒哈拉沙漠开垦出的田地可以耕种椰枣。而在园艺村，可耕种的作物品种非常有限。

1992年至1993年，我和小堀岩一起考察了从阿尔及利亚沙漠的正中央至南北连成一线的阿德拉尔绿洲群。小堀先生在这里长年考察了以因弗贝尔（Inverbel）绿洲为中心的全部绿洲（小堀，1962，1996）。阿德拉尔附近有名的绿洲是图瓦特，那里是撒哈拉交易和伊斯兰学的中心。

与我们一起考察的人，有鸟取大学干旱地域研究中心的前所长稻永忍、担任阿尔及利亚高等师范学校助理的椰枣专家本哈利法，还有阿德拉尔大学研究撒哈拉交易的专家乌齐亚博士。

阿德拉尔绿洲群南北相连，这里有一处向南北延伸的枯谷，在枯谷的斜对面形成了绿洲。不过，阿德拉尔朝南直至马里的通布图都没有绿洲。商队从通布图出发跨越漫漫沙漠，北上行走

2000多千米以上的路程，唯一的歇息地就是以图瓦特绿洲为中心的阿德拉尔绿洲群。换句话说，从阿德拉尔出发前往通布图路程遥远，不知何年到达，但这片绿洲是商队下决心出发的启程地。图瓦特以北就是撒哈拉沙漠的北部边缘，就是被称为"撒哈拉的明珠"的加达亚（Ghardaia），其附近有许多大型绿洲城市。

· 绿洲是生态学的微观世界

生长在绿洲的椰枣，树干高6米以上。独立的枝干向着天空伸展，枝干末端生出长长的叶子。绿洲的上空被椰枣的树叶覆盖，遮住了向地面照射的阳光，所以绿洲非常凉爽。

椰枣树的下面，生长着葡萄和橘子以及无花果等树木，地上种着各种各样的蔬菜，有胡萝卜、沙拉菜、豌豆、扁豆、大麦等。种植的果树和蔬菜以及谷物，因不同的绿洲而种类各异。有的绿洲能长出宝石一般艳丽的橘子，有的绿洲出产的土豆能作为当地名物。具体种什么样的水果和蔬菜，取决于当地的流通情况。靠近大型市场或者位于绿洲的消费入口的地方，大量种植的是不用大费力气就能保证新鲜度的水果蔬菜。不过，撒哈拉内部的小绿洲仅种植大麦和豆类。大麦能做山羊和绵羊的饲料，豆类是日常菜肴的主要佐料。

· 绿洲料理——古斯米

说起巴黎的阿拉伯菜品，有一道菜名叫古斯米（Couscous，粗麦粉加水制成的菜品），在欧洲非常有名，但是它的发祥地是撒哈拉的绿洲。以前我不知道这些，去了地中海岸的阿尔及利亚首都阿尔吉利的时候，随口说了句："想品尝这里的古斯米"。当时，撒哈拉出身的椰枣研究专家本哈利法随即回道："别在这里吃，去了撒哈拉才能吃到正宗的"。作为一道撒哈拉沙漠的菜肴，古斯米中会加入大量蔬菜，这让我感到非常诧异。

实际上，烹饪古斯米的时候，要在锅里放入许多原产于绿洲的蔬菜，咕嘟咕嘟煮制，然后，就像日本人煮糯米一样，在锅上放一个蒸笼，蒸笼上加入磨碎的小麦粉，直至蒸熟。小麦粉是用小麦磨成的非常精细的面粉，取走精细的面粉，剩下的大颗粒与杂谷差不多，可以做小鸟的饲料，也可以用粟米和稗子来替代。小麦粉撒在撒哈拉式的蒸笼上，再把蒸笼架蔬菜锅上蒸制。蔬菜种类少的地区可以在锅里多放些豆子。

这种加入面粉蒸制的料理，还能在锅里炖菜。通常情况下，会搭配羊排或者一种叫作梅尔盖兹的用肠衣包裹的细长香肠一起食用。若是再加点辣椒，就更加美味可口。参加绿洲地区的宴会时，用餐之前，身材高大的男服务生会用餐刀切下一片光泽黑亮的生肝，然后用长刀尖刺进生肝挑起来送到客人盘里，这是一种对客人的欢迎方式。

· 椰枣

绿洲的主要作物是椰枣树上结出的椰枣，这是一种大拇指大小的长圆形红色果实。结出的一挂椰枣就有一抱以上。椰枣要风干保存后食用。椰枣有各种不同的品种，品种优良且价格高昂的椰枣与柿饼一样柔软，吃起来也像柿饼一样甘甜。这种椰枣在欧洲也有售卖。价格便宜的椰枣吃起来生硬无比，不过，要是用力嚼的话，味道也是甜甜的。撒哈拉地区的生活中不可或缺的正是这种低价的椰枣。原因是，硬椰枣比较轻，搬运起来方便，保存方法也比较简单。旅行在撒哈拉沙漠的商队携带着椰枣做路上的口粮。椰枣是一种高热量的食材，一顿吃上五到六颗就足够了。

撒哈拉南边的通布图和杰内也售卖这种硬椰枣。我在那边留住的时候曾买过一袋重一公斤的椰枣，每当喝咖啡和红茶的时候，就拿出一两颗椰枣来代替茶点，如果吃上五六颗的话，基本上就等于简易的午饭了。生病或者食欲低的时候，椰枣也是很好的营养补品。

收割椰枣或者修理椰枣树的时候，要是没有熟练的技术就相当危险。首先，叫作大翅膀的高达数米的叶柄上密密麻麻地长着又尖又大的刺。如果用手大力抓这些叶柄的话，手掌会被上面的尖刺刺穿。还有，截断树叶的叶柄就像锋利的刀刃一样朝上围着高大耸立的树干，结出椰枣的枝子就挂在这些刀刃一般的叶柄上。椰枣地里的劳作，主要依靠哈拉钦族的黑人奴隶。椰枣地的主人基本都是阿拉伯居民。这些阿拉伯居民最初的职业是商人。

在栽植椰枣方面，有许多细节需要注意。传统的椰枣地，树与树之间留下的空间很大，各种品种的椰枣都有栽种。因为椰枣树容易患病，一棵树生病就会传染周围的同种椰枣树，最终导致整片椰枣林全部染病。栽种多种类的椰枣树就是为了避免一棵椰枣树染病引发整片椰枣林荒废的危险，而这种危险很容易变为现实。在欧洲也会储存和贩卖椰枣，但是由于欧洲栽种的椰枣种类单一，诞生了一种名为"Bayoud"的病菌，在椰枣林里广泛传播，使绿洲的主要椰枣品种基本枯死，带来了巨大的损失。椰枣的病菌传播正是椰枣专家本哈利法博士着手研究的课题。

有博士称，造成病菌广泛蔓延的另一个原因，是栽种的椰枣树太过密集，即椰枣树的纵列栽法。传统的栽种方法是树与树之间留足够大的间隔，并且禁止纵列栽种。这种栽法，即使其中一棵椰枣树生病，只要把生病的树挖出来烧毁就不会传染给别的椰枣树。只是，在商业化的椰枣种植方面，考虑到灌溉上的便利，还是采取了纵列栽种的方法，并且树与树之间的间隔也非常狭窄。所以，病菌乘机侵蚀了全部椰枣树。

解决方法之一就是改良椰枣的品种，椰枣是雌雄异株，雌雄异株转变成同株需要五六年的时间。品种改良一次也要花费同样长的时间。在此基础上再改良一次又要花费同样长的时间。椰枣就是一种品种改良速度赶不上病毒蔓延速度的植物。

· 暗渠

绿洲的生命线靠暗渠的灌溉技术维系。这种暗渠在伊朗叫作卡纳特（qanat），在中国的西部地区叫作坎儿井（Karez）。日本的三重县有一种与坎儿井类似的地下灌溉技术，叫作マンボ（Manbo）（小堀岩编，1988）。

暗渠的水源来自绿洲附近山地的山脚或悬崖深处。水流经过挖好的地下水渠流到椰枣田。地下水渠距离地面4—5米深。每隔7—8米，就从地面到水渠挖一眼井穴，通过井穴维持地下水渠。所以，从高处观看去，暗渠水道的上面，是一眼眼的空井穴排成的直线。挖掘地下水渠，是为了防止水分的蒸发和泥沙的阻塞。暗渠的水量和细流汇聚而成的小河一样，因此，将水流导入椰枣田之前要尽量避免蒸发。这是绿洲灌溉的诀窍。

撒哈拉的水质里盐分含量高，灌溉过的土地容易沉积盐分，颜色也会变白。在暗渠的细小分水渠两边，能看见白花花的盐分留在地面。灌溉完椰枣田的水质，盐分比例明显增高。椰枣田最大的威胁就是盐分。若要开拓椰枣田的话，就必须在椰枣地后面挖好排水渠，将盐分含量高的水质排出去。所以，绿洲的田地都是略微倾斜的，田地末端经常出现蓄积高盐分水流的湖沼。

进入椰枣田入口的暗渠水流，会分成好几条小水渠，宽度达到20厘米的就是大水渠了，有的水渠宽度只有10厘米。这导致椰枣田里布满分水渠，就像高速公路上的高架桥一样相互交错后又向外延伸。小一点的椰枣田，面积相当于三个榻榻米（$1.62\text{m}^2 \times 3$），水流从分水渠流到各椰枣田的时间也是固定的。这种技术，可以称之为水的艺术，是一种计算缜密的灌溉体系（图2-1）。

分流的水量要进行精细的测量。测量的工具是大中小三种类型的带孔铜制圆筒。各分水渠的水量，用大孔、中孔、小孔三种圆筒来确定。把各分水渠的水量记录在册并保存的人是清真寺的住持（礼拜主持人），他严格地遵照规定，给各分水渠分配水量。

图2-1　在塞吉亚的分水（阿尔及利亚）

那么，暗渠的水源是从哪里来的呢？通常人们认为来自地下。著名作品《水的世界地图》的作者劳伦诺（Lanreano）认为，暗渠的水源并非来自地下，而是来自沙丘里渗出来的水汇聚而成的积水。对沙漠中的各种石造建筑物做了调查后，我得出了这样的结论：在昼夜温差大的干旱地域，早上会有许多结露，干旱地域许多取水设施的水源都来自结露汇聚成的积水，暗渠的水源可能也是来自结露积水。实际上，沙丘的水分非常充足，因此其脚下可以形成小沼泽和湿地。

暗渠的蓄水用尽的时候，绿洲就会消失。因此，当一个暗渠的蓄水将要用尽的时候，就得赶紧挖掘新的暗渠，这样就能开拓新的绿洲。大部分的绿洲，都残留着旧暗渠的痕迹。调查暗渠的遗迹，可以追溯绿洲的历史变化。

·作为贸易据点的绿洲

如此，绿洲成了撒哈拉贸易的据点。

现在，由于依靠骆驼交易的商队基本都不见了，所以直接考察撒哈拉绿洲的交易商队也不可能了，但是某些事物可以帮我们了解过去撒哈拉的繁荣交易，例如被称为扎维叶的伊斯兰圣者崇拜教团（塔里卡）。

在绿洲，人们在可以俯瞰整片绿洲的高地上建造了一种外形饱满、通体涂白的圆锥形塔。塔的侧面插满了木棍，看起来令人很不舒服，但这些从外部插入的木棍是整座塔的骨架，也是人们攀登塔体的踩踏处。用土坯盖成的塔，其侧面要定期涂上颜料，人们沿着塔的侧面攀登涂颜料的时候，需要踩着这些木棍。

这种建筑名叫玛拉波特（Marabout），是伊斯兰教的圣者庙，里面停放着圣者的灵柩。具体是些什么人呢，好像是与开创绿洲有关的圣者。路途中的僧侣到了快去世的时候，会吩咐弟子在自己去世后，顺着遗体的头向下挖掘，弟子按师父的遗嘱一直挖到底，便有泉水涌出。又或者，僧侣将自己的杖朝地上戳一下，那里就会有水流出来。许多这类型的传说都跟圣者庙有关联。所以，大部分的圣者庙都建在坎儿井水源的附近。

圣者庙的周围还有居民的墓地。圣者庙开放的时候，有需要的居民会聚集在庙中祈愿。

这种团体性的圣者崇拜就是扎维叶，所以绿洲的村落里必须建造扎维叶供聚会用。扎维叶还能为撒哈拉的旅行者和朝圣者提供住宿，而且不收取费用。即使是现在，扎维叶的聚会场所也可以免费投宿。我们一行人也是一边在扎维叶住宿或者小憩，一边完成了撒哈拉的旅行。

虽说是免费，但是商队牵着数百头骆驼来住宿的时候，那些骆驼的饲料和水，人员的饭食和水，此类日常所需定是一笔巨额开销。当然，旅人会为此支付相应的费用。不过，挂着免费招牌的住宿场所，会让旅人有种莫大的安全感。在最初的伊斯兰教关于五行（信仰告白、礼拜、布施、绝食、参拜麦加）的教导里，有一项就是要求信徒要布施，布施的对象包括旅行者和朝圣者。伊斯兰教有禁止收取利息的教导。为使人员和财物迅速流通，伊斯兰教有完善的指导思想。

· 圣庙文化向撒哈拉以南非洲的扩展

撒哈拉绿洲的圣者崇拜文化给南部撒哈拉以南非洲的伊斯兰化带来了巨大影响。例如，清真寺的建造形态。杰内的大清真寺和通布图的大清真寺看起来像桑科雷（Sankore）清真寺，其造型是多数木桩从一个侧面突出来的尖塔式清真寺，塔下是圣者的墓地。

尼日尔的撒哈拉街道阿加德斯，也建造了高耸的尖塔式清真寺。

清真寺下面安葬圣者，这种文化与受撒哈拉绿洲文化影响强烈的塞内加尔、马里、尼日尔等撒哈拉南部地区的文化相通。在塞内加尔，有一个古老的伊斯兰教团名叫卡迪林耶，是由19世纪兴起的提加尼教团、20世纪出现的慕里德教团等众多教团组成的。这个教团在主要的清真寺里都供奉着圣者墓,墓地并不是在地下,圣者的巨大灵柩被摆放在清真寺的中央,信众则在灵柩的周围冥想和祈祷。

这种崇拜形式对起源于圣者庙的清真寺来说是非常原始的。当我参观过喀麦隆那些没有圣者墓的清真寺后再对比这种清真寺,我的观念受到了很大的冲击。依据正统的伊斯兰教义,清真寺里禁止安置墓地。18世纪到19世纪,建设伊斯兰国的一大运动——"富尔贝族圣战"在撒哈拉以南非洲内陆展开。19世纪,"圣战"蔓延到尼日尔河的内陆三角洲,建立马西纳帝国的富尔贝人阿赫马杜·洛博不允许清真寺里出现圣者墓。而在尼日尔河内陆三角洲的伊斯兰贸易城市中,圣者墓不仅出现在清真寺里面,还有序地安置在清真寺的周围。杰内从最开始就跟通布图的传统一致,有一座埋葬了333人的圣墓。这种死者崇拜,违背了伊斯兰教义,是一种否定信仰的活动,导致阿赫马杜·洛博挑起"圣战"。后来他建立了马西纳帝国,在尼日尔河三角洲一带确立了自己在宗教和政治上的权威。帝国建立后,阿赫马杜·洛博没有毁坏杰内的清真寺,仅仅选择放弃,后又重建了一种新型的简素的清真寺。

· 从圣者崇拜崛起的伊斯兰神秘主义教团

撒哈拉绿洲伊斯兰文化对撒哈拉以南非洲的影响是巨大的。

这里介绍一位知名人物——阿鲁·马基里,他成长的年代正是笼罩在西班牙半岛的伊斯兰势力逐渐消退的危机被撒哈拉内部

感知的时代。对于撒哈拉内部的绿洲地区来说，这一危机意味着
犹太人口的剧增。伊斯兰势力在通布图发起了伊斯兰教的改革运
动，他们毁坏了阿德拉尔地区的犹太人教堂并且流放犹太人，成
为这些事件的主谋。之后，伊斯兰信众来到撒哈拉以南非洲访
问，桑海帝国成立伊始，在阿斯基亚王国的宫廷里，伊斯兰信众
统领了以皇帝为首的阿斯基亚王国，大力传扬伊斯兰教。接着伊斯
兰教的代表还走访东部的豪萨各王国，宣传伊斯兰教的改革派
思想。仅仅考量一下伊斯兰教的活动范围，就会感到惊讶，伊斯
兰学者们是何等的精力充沛[2]。

18世纪到19世纪，卡迪林耶教派的昆塔（Kunta）圣职组织成
了执掌通布图及其周边的撒哈拉－萨赫尔地带的伊斯兰领导者。
昆塔教派的团长就像能驱使神秘咒语的祭司一样，把神的祝福
"巴鲁卡"分享给穆斯林们。18世纪，昆塔教派的团长认为自己
是掌管西非全体穆斯林的宗教最高权威。19世纪在西非发动"富
尔贝族圣战"的首领们认为索科托苏丹帝国（又称富拉尼帝国）
的奥斯曼·丹·福迪奥和马西纳帝国的阿赫马杜·洛博都是一流
的伊斯兰学者，他们之所以发动"圣战"，是为了反抗昆塔教派
的权威。索科托苏丹帝国只是为了脱离昆塔教派的支配，因此没
有与昆塔教派展开武斗，而阿赫马杜·洛博的军队却与昆塔教派
进行了激烈的战斗。

通布图的阿马杜·巴巴研究中心的管理人席德·阿玛尔先生
对这场"圣战"中的昆塔教派做过详细研究。我曾想邀请他和我
一起到日本展开研究，可是1990年以后，要求独立马里北部的阿

拉伯人－柏柏尔人发动了独立运动，他们与政府展开的战斗愈演愈烈，席德·阿玛尔先生也卷入这场战斗，最终不幸牺牲[3]。阿马杜·巴巴研究中心在联合国教科文组织的研究机关，搜集到许多该地区留下的珍贵的阿拉伯语古典书籍。研究中心的研究员有许多都是因母语为阿拉伯语才被聘用，内战爆发的时候他们都跑去国外避难，只有阿玛尔先生以研究中心管理人的身份滞留在通布图，最后被政府军所杀，凄惨地结束了生命。

　　考察通布图和图瓦特对我来说如同到伊斯兰教圣地朝圣。通布图和图瓦特是伊斯兰教越过撒哈拉向撒哈拉以南非洲扩展的据点城市。图瓦特和通布图好比是丝绸之路上的龟兹和敦煌。佛教也是沙漠里的宗教。起源于印度的佛教通过丝绸之路和西域的天山山脉以及塔克拉玛干沙漠沿线的绿洲路径传到中国，因此在丝绸之路的沿线建造了许多佛教城市，例如喀什噶尔、敦煌以及龟兹。龟兹境内有克孜尔石窟寺院群，同时也是鸠摩罗什的出生地。撒哈拉的图瓦特和通布图与丝绸之路沿线的佛教城市功能相似，促进了撒哈拉以南非洲的伊斯兰化。

　　靠暗渠水道灌溉的椰枣文化，其中一些细微的地方，暗藏着撒哈拉沙漠的危机。绿洲的诞生，促成了撒哈拉国际贸易的开展，参加贸易的商人们需要具备强韧的精神和高尚的道德。正如昆塔教团教导的那样，或许人们真的需要"阿尔巴鲁卡"这一来自神的祝福。"阿尔巴鲁卡"在伊斯兰世界里，通常被用作问候语。当我考察撒哈拉正中央的绿洲，站在悬崖上眺望无边无际的绿洲时，切身地体会到了"阿尔巴鲁卡"这句话的深刻含义。

· *撒哈拉沙漠的地形和原住民*

这里先介绍一下撒哈拉沙漠和贸易的概况。

撒哈拉沙漠，东西长5600千米，南北宽1700千米，面积约1000万平方千米，相当于中华人民共和国的面积，占据了近三分之一的非洲大陆。

撒哈拉沙漠的中央，海拔3000米左右的山脉有三处。从西向东分别是：阿哈加尔山脉（或称霍加尔，跨越阿尔及利亚、马里、尼日尔、利比亚的国境，最高峰2918米）、提贝斯提山脉（位于利比亚和乍得的国境内，最高峰3415米）、恩纳迪（Ennedi）山地到达尔富尔的山群（位于乍得和苏丹的国境内）。三大山脉顺势延伸。其中阿哈加尔山脉由北部的塔西利、西部的阿德拉尔、南部的阿依尔等山群组成。

这些山地热暑的严酷性较弱，降水稀少，饲养骆驼和山羊的图阿雷格族和图布族等游牧民族分别居住在山地的西部和东部。图阿雷格族和北非马格里布的柏柏尔人同属于柏柏尔语系。图布族属于尼罗语系，肤色较黑。

6000年前到9000年前之间，撒哈拉地区遍布植被。山地的许多岩画都绘有长颈鹿等野生动物和家畜群，还描绘了二马并驾的双轮马车，这类型的岩画分布在跨越撒哈拉南北的山岳地带。因此有人认为，古代的撒哈拉已经有了供马车行进的道路[4]。

除了中央地带的山群外，撒哈拉周围的山脉也蔚为壮观。西北部的马格里布地区有阿特拉斯山脉横卧，南面几内亚海湾的西部有几内亚高原，中部还有阿达马瓦高原和喀麦隆高原横亘。

　　形成于马格里布的阿特拉斯山脉体积巨大，位于摩洛哥的最高山脉海拔有4000米以上，北非的土著居民柏柏尔族大多生活在这里。柏柏尔族属于闪含语系（即现在的亚非语系）中含语系民族。

·阿拉伯民族的到来和撒哈拉贸易

　　柏柏尔的游牧民族对贸易商队所怀的未必全是善意。他们居住在多坡地的山地，就算是让骆驼驮上货物去交易，路上行走也是困难重重。

　　参与撒哈拉交易的主要人群是7世纪后半叶来到北非撒哈拉地区的信奉伊斯兰教的阿拉伯民族。他们虽在马格里布建立了王朝，但刻意避开柏柏尔人聚集的山地，选择在平原定居，变成了撒哈拉的游牧民和绿洲城市的市民以及从事交易的商人。

　　最初参加贸易的人，绝大多数都是柏柏尔族的泽纳特（Zenat）语系的部族，他们接受了伊斯兰教的异端——哈瓦利吉学派的艾巴德派。不过，到11世纪中叶，为了推翻逊尼派的分支——马立克派的教法统治并改革伊斯兰教，伊本·亚辛发动了"阿尔莫拉维德圣战"，在他的领导下，"圣战"从撒哈拉南部发起，军队的主要成员是桑哈贾部落的柏柏尔人。

　　当时，"圣战"联盟控制了撒哈拉的南北据点，朝北征服了摩洛哥的西吉尔马萨，朝南征服了现今毛里塔尼亚的奥达戈斯特，甚至占领了加纳帝国的国都昆比，最后在摩洛哥及西班牙境内建立了庞大的帝国，并选择摩洛哥的马拉喀什为首都，这部分内容前面已做叙述。"圣战"的结局导致撒哈拉西部成为撒哈拉地区和撒哈拉以南非洲伊斯兰化的最大据点。

撒哈拉沙漠上的民族分布和文化也因"圣战"分成两大类型。

第一种类型分布在现摩洛哥至塞内加尔和马里之间的地势低缓的撒哈拉地区，那里居住着许多阿拉伯居民和伊斯兰化的柏柏尔居民，其文化保留着最原始的伊斯兰特色。

另一种类型分布在撒哈拉中部到东部，海拔3000米的山地和高原间的山谷地带。柏柏尔的图阿雷格游牧民族和尼洛特（Nilotes）的图布游牧民族多聚居在这一带[5]。虽然图阿雷格族和图布族都已伊斯兰化，但是程度浅淡。图阿雷格族对经过当地的撒哈拉交易商队缺乏善意，屡屡收取额外的通行税，以至于商队行进的时候只能绕开图阿雷格族的居住地。

位于撒哈拉南缘、苏丹中部的豪萨王国和卡涅姆－博尔努王国同北非的贸易横跨撒哈拉中部的山区地带。因此，卡涅姆－博尔努王国有时也会在政治上统领撒哈拉北部，现利比亚南部的费赞地区，为的是确保贸易的安全。图布族也由此变成了相对商业化的民族。

· 撒哈拉贸易的地中海据点

撒哈拉贸易在北非地区的主要据点有三个。

第一个据点是摩洛哥。马格里布的阿特拉斯山脉是阻挡来自撒哈拉的热风和干燥风的屏障。这一据点的地中海－大西洋地区受地中海气候影响，气温比较湿润，大地植被茂密。马格里布拥有繁荣的伊斯兰王朝文化，它的财富和人口持续带动着撒哈拉交易。马格里布的中心是摩洛哥。摩洛哥的中央是南北延伸的高阿特拉斯山脉的靠撒哈拉一侧的山麓地带。那里有两个撒哈拉交易据点，分别是以扎戈拉为中心的南部杜拉地区和以西吉尔马萨为中心的北部塔菲拉勒特地区。从扎戈拉出发翻越阿特拉斯山脉就到了古都马拉喀什，从西吉尔马萨北上也能到达摩洛哥的古都菲斯，再往前就是充盈着伊斯兰王朝文化的伊比利亚半岛。

第二个据点是阿尔及利亚东部到突尼斯南部的绿洲地带。这一带有名的地方是阿尔及利亚的瓦尔格拉和被誉为撒哈拉珍珠的盖尔达耶。盖尔达耶是七个涌水丰富的泉眼和七座沙丘组成的巨大绿洲。沙丘上用日晒砖建造了七座城市，砖块被涂成白色，每一座城市都被城墙围着，城市氛围与西班牙的格拉纳达相似。这个据点由于地处阿特拉斯山脉的东部，所以绕过山地便能到达现今突尼斯的地中海沿岸，通过海路实现了与东地中海各地区的贸易往来。

第三个据点是现今利比亚靠地中海岸的昔兰尼加地区。这个地区是北非东部的重要交易据点。地中海沿岸的植被面积狭小，昔兰尼加是以埃及为首的东地中海的主要城市及海陆交易重地。利比亚的首都的黎波里因与撒哈拉沙漠南部乍得湖畔的兴盛帝国卡涅姆-博尔努建立了贸易关系，故成了撒哈拉交易的重要据点城市。

· 撒哈拉以南非洲的贸易据点

撒哈拉以南非洲的撒哈拉交易据点，是形成于流淌在撒哈拉南缘的四条干旱地域河流和乍得内陆湖周边的伊斯兰帝国和伊斯兰城市。

四条干旱地域河流由西向东分别是塞内加尔河、尼日尔河、沙里河、尼罗河。塞内加尔河与尼日尔河的发源地是大陆西部的几内亚高原。塞内加尔河向北流淌，经过撒哈拉沙漠的绿洲后向西注入大西洋。尼日尔河向东北流淌，在内陆三角洲形成冲积平原后，又向南部转弯流入几内亚湾。苏丹中部乍得湖盆地的沙里河是阿达马瓦高原及其周边山地的河流，向北流入乍得内陆湖。尼罗河是埃塞俄比亚高原和东非大裂谷的山地河流，向北注入地中海。

这些河流在旱季和雨季有着甚为明显的水量差。到了汛期，膨胀的河流使周围形成广大的泛滥平原，而到了旱季，河槽里几乎没有水，泛滥平原全部干涸。因此，泛滥平原有各民族－部族从事自然灌溉农业、牧业、渔业等不同类型的产业，是生产力发达的土地，人口承载力强大。在干旱地域内陆河流域，形成了各个伊斯兰王国。塞内加尔河流域孕育了泰克鲁尔王国、卓洛夫王国。尼日尔河流域孕育了马里帝国、桑海帝国、马西纳帝国、图库勒帝国。沙里河和乍得内陆湖的周围孕育了卡涅姆－博尔努帝国、曼达拉王国、库特克（Kotoko）诸王国。尼罗河流域孕育了芬吉－苏丹王国。以上是四大内陆河流域孕育的帝国，同时也孕育了杰内和通布图那样的极尽繁荣的交易都市。

· 撒哈拉的四大贸易路线

撒哈拉沙漠上有两条自古以来就很繁荣的交易路线。

第一条是从撒哈拉沙漠西部通过的西路线。这条路连接摩洛哥和塞内加尔河流域（图库勒）以及加纳帝国，是撒哈拉交易的最短路线。

现今毛里塔尼亚的沙漠里有一座南北延伸的断崖，在断崖下面，有许多绿洲。其中一些绿洲城市已经衰落甚至被黄沙掩盖，但是那里的图书馆储藏着许多关于伊斯兰教的书籍。西路线的中间地带，是撒哈拉以南非洲居民的必要摄取物——岩盐的供给地伊吉尔，西路线也是维持撒哈拉以南非洲居民生活基础的交易路线。

撒哈拉南缘的据点地区图库勒，其地名在阿拉伯地理志上经常代表撒哈拉以南非洲。加纳帝国是撒哈拉以南非洲最古老的帝国。

第二条主要路线是从利比亚起越过撒哈拉中央的塔西利山地和提贝斯提之间的鞍部，直到乍得湖的撒哈拉中央路线。这条路线和西路线差不多，也是短距离路线。从摩洛哥北部的交易城市西吉尔马萨到奥达佳斯特要走两个月（Cuoq，1975：72）。中央路线也有一个为苏丹中部居民提供岩盐的盐产地——比尔马。中央路线的中部靠近利比亚境内的沙漠有费赞这个巨大盆地，盆地边缘的高山山麓地带有许多绿洲，为乍得和利比亚地区的安定发展奠定了基础。

后来，撒哈拉交易开拓出第三条路线并且发展迅速。位于尼日尔河弯道与撒哈拉陆地交汇地的通布图发展为伊斯兰交易城市，人们又以通布图为起点，开拓出横跨撒哈拉中央的另一条交易路线。有了这条路线，撒哈拉中央的阿德拉尔（图瓦特）绿洲群成了中转地，朝西可通向摩洛哥的西吉尔马萨，朝东可通向阿尔及利亚东北部的盖尔达耶和瓦尔格拉以及突尼斯南部的绿洲地区，最终为绿洲地区带来了活力。

再后来诞生的更具活力的第四条交易路线，以苏丹中部的豪萨地区为据点，横跨撒哈拉中央的山地，一直通到突尼斯和阿尔及利亚以及利比亚。在第四条路线带来的影响下，阿加德兹、霍加尔山地的塔曼拉塞特（Tamanrasset）、Arujenna等交易中转城市和豪萨地区同步发展。这条路线在15—16世纪间摩洛哥帝国消灭了以日尔河弯道为中心的繁荣帝国——桑海帝国之后开始活跃。在此之前，桑海帝国一直支配着豪萨地区的经济，撒哈拉交易的主要路线也是围绕着通布图展开。

三　尼日尔河内陆三角洲的国际化（多部族）文明——撒哈拉南部的巨大泛滥平原地区

·萨赫尔与苏丹

在撒哈拉的南部、黑色人种聚居的萨赫尔和苏丹地区，会诞生怎样的文化和文明呢？

"萨赫尔"在阿拉伯语里代表着海岸，是一个外来词。萨赫尔地处撒哈拉沙漠年降水量在200毫米到600毫米的优越地带，境内生长着稀疏的树木，短草密布的草原非常辽阔。这片干旱地域像带子一样东西延伸，铺在撒哈拉的南部。这里正是撒哈拉这片"黄沙之海"的海岸。因此，萨赫尔是阿拉伯系和柏柏尔系的商人和宗教人士以及黑色人种之间相互交流的区域。萨赫尔的民居主要是日晒砖盖成的矩形房屋，所以，就算是狭小的乡村也洋溢着街市的气氛。

萨赫尔的主要谷物是长形杜松子，其外观近似蒲穗，产量稀少，每公顷出产500至600千克，即使是短期的雨季也能培育。在这片干燥的地区，能传染给家畜昏睡症的采采蝇无法生存。所以，富尔贝的牧民家庭会饲养60到100头牛，也有的家庭会饲养更多的牛，萨赫尔是传统养牛牧民的畜牧地。

萨赫尔地区的生活环境看似严酷，其实不然。当地大量饲养家畜，畜牧文化繁盛。农民则会饲养山羊、绵羊、毛驴、牛等家畜，实行农牧复合经营的生产方式。在农业方面，萨赫尔地区种植乳油木、非洲芥菜（是一种蚕豆，班巴拉语叫Soumbala）、白相思树（Acacia albida）等实用树木的农林业（Agroforestry），种植业发达。当我实地考察记忆里暴露在"沙漠化"危机下的萨赫尔时，看到被郁郁葱葱的林木覆盖的农田后大为吃惊。那里的农田是常见的农田，不像旱田需要重复开垦和移动耕种。牛油果（Karite）和非洲芥菜结出的果实既是重要的营养来源，又是收入来源。撒哈拉的商人们经常往返这里，致使萨赫尔的商业经济很早就开始发展。每到旱季的农闲日，农民就化身为商人奔走于非洲各地，扮演着半农半商的角色。

苏丹，在萨赫尔地区的南部呈东西向平行延伸，是年降水量600毫升到1200毫升的带状区域，比萨赫尔更加湿润。苏丹地区是卓越的黑皮肤非洲农耕民的聚居地，充足的降雨使苏丹地区在农业生产上比萨赫尔地区更加丰富。苏丹地区的主要作物是玉米，结出的果实成串，颗粒饱满，还有落花生等豆类作物也被大量栽培。猴面包树在当地的气候条件下也能生长。在猴面包树的树干有茅草铺成的圆形尖顶泥砖屋，泥砖屋的周围是宽阔的玉米田，以上就是苏丹地区的农村景象。

现在苏丹地区的畜牧业甚为繁荣，但是在过去，这里一点儿也不适合畜牧业的发展，原因是稀树生长茂盛，能为携带病毒并给家畜传染昏睡症的采采蝇提供良好的筑巢环境。过去的富尔贝畜牧民族只住在年降水量600毫升以下的萨赫尔地区，不过因着烧荒和稀树的开发以及萨瓦纳化，农田和可畜牧草原面积逐渐扩大，现在的苏丹地区已经成了富饶的萨瓦纳（稀树草原）农业地带和畜牧地带。

· 成立过多个伊斯兰王国和伊斯兰贸易城市的萨赫尔－苏丹地区

萨赫尔－苏丹地区从11世纪开始建立伊斯兰王国和伊斯兰帝国，包括加纳帝国、马里帝国、桑海帝国、卡涅姆－博尔努帝国等等。杰内和通布图以及奥达加斯特等地区建设了许多伊斯兰贸易城市。所谓帝国，就是拥有广阔的领土并且支配境内各地区与各民族和部族的多部族王国。非洲给人的印象就是部族社会，这些多部族王国的存在似乎鲜为人知，实际上非洲的多部族帝国数量众多。

帝国形成的中心，就是前面介绍的流经萨赫尔苏丹地带的巨大干旱地域河流：塞内加尔河、尼日尔河、沙里河、尼罗河等流域。关于其中的原因，我曾反复思考。在干旱地域的大河流域，容易形成广阔的泛滥平原，能从事依靠自然灌溉的稻作和田作，也能从事捕捞和畜牧，河水泛滥后的平原是人口稠密的高生产力区域，因此，由撒哈拉远距离贸易形成的国际商业的撒哈拉以南非洲据点就设立在这些人口稠密的区域。

尤其是尼日尔河内陆三角洲，其面积相当于九州岛，是一片辽阔的泛滥平原，再加上它的上游是黄金出产地，因此最终发展为撒哈拉以南非洲伊斯兰文明的一大中心地。13—14世纪形成的马里帝国、15—16世纪形成的桑海帝国，都是强大的撒哈拉以南非洲伊斯兰帝国。到了19世纪，马西纳帝国、图库勒帝国等伊斯兰帝国逐一建立。朝北流淌的尼日尔河到达撒哈拉沙漠的最远端，形成了通布图，在内陆三角洲的南端形成了杰内，这两个地方都是伊斯兰贸易城市，两座城市靠尼日尔河水运连接。通布图是役使骆驼的撒哈拉贸易和尼日尔河水运的交汇点，杰内是以步行为主的苏丹贸易和尼日尔河水运的交汇点。

自1985年以来，我将尼日尔河内陆三角洲的国家贸易城市——伊斯兰城市看作据点，对巨大泛滥平原整体多次展开调研。

· 生产活动多样和民族共存的尼日尔河内陆三角洲

尼日尔河内陆三角洲，是由几内亚高原发出的流向东北部的尼日尔河及其支流巴尼河形成的大型浅水内陆湖，这是毋庸置疑的。5万平方千米的面积相当于日本的九州岛，泛滥平原的面积根据季节的变化缩小或者扩大。7月初到12月，除去自然堤防和古沙丘之外，内陆三角洲的一半面积都被河水淹没。然而在旱季中期的1月雨季初期到6月，三角洲的泛滥范围开始收缩，风干的陆地面积就会扩大。雨季的时候，河面宽度达到500米以上，而到了旱季，河槽内的水几乎不再流动。

这里甚至没有人工的灌溉设施，却是撒哈拉南部干旱地域巨大的首批生产地。

撒哈拉南部干旱地域的农耕基础是用自然水源种植阿拉伯橡胶、杜松子之类的谷物。在内陆三角洲，靠自然灌溉的非洲原种稻（Oryza glaberrima）被大量种植。沿河地和沼地密集生长着野生稻子。从事稻作生产的民族有构筑桑海帝国的桑海人、加纳帝国的主要民族曼德族，以及富尔贝畜牧民族与其奴役民热麦备族。田作农耕民族的柏柏尔族在自然堤防和古沙丘地带从事自然水耕作，不种植水稻。

三角洲内的河流和湖沼里，从事渔业的博佐族和苏尔科族，一边在河边搭起帐篷居住，一边从事捕捞活动。他们把小鱼风干，然后再卖出去。把大鱼切开腹部然后晒干，把鲇鱼类用火熏制。三角洲还生长着人体大小的矛尾鱼之类的高级鱼，以及体形像鲈鱼一样细长美味的鱼类。

富尔贝牧民结合内陆三角洲的季节性，采取移动放牧的方式。一到雨季，三角洲被水淹没，牧民们就率领牛群出走，北上进入撒哈拉沙漠的内部深处。到了旱季，原野的草地上连枯水也没有的时候，他们又返回三角洲，因为这时候的三角洲到处都是湖沼与河流，水草极其丰茂。为了不让牲畜践踏啃食三角洲的农作物，人们明确地划分了几处专供牛群过河的区域。渡河的这天，一万多头牛被赶到一处，在军队和县长以及政府官员们的紧密监督下，浩大的家畜队伍缓缓渡到对岸。这个渡河规则是19世纪的马西纳帝国创立者阿赫马杜·洛博制定的[6]。家畜留下的粪便可以做土地的养料，还可以是鱼儿的饲料。所以三角洲的鱼都是圆溜溜的，并且肥瘦正好。

· 尼日尔河贸易和城市文化

　　在尼日尔河，连接通布图和杰内的水上交易呈现盛况。用来交易的船只，粘在一起的木板用植物纤维连起来，这种方法来源于阿拉伯的缝合商船。船底不断漏水，航行时，船体的中央有年轻人列队，他们会定期将船底的积水排出。船底是没有龙骨的平面，适合在浅河的深水处航行，到哪个河岸都可以停泊或者载客。虽然人们也会使用木筏或者木帆船，但是速度慢到让人叹气。船只到了水流湍急的河中央，掌起舵来就变得十分困难。水上交易的主体人群是阿拉伯居民、尼日尔河的桑海稻作居民、从事渔业的博佐族和苏尔科族。

　　尼日尔河船运的主要产物是从北方通布图运来的岩盐和从南方杰内运来的各种农作物。再就是大米和玉米类、各类豆子、乳油木奶油、洋葱、秋葵和辣椒等，还会运送木炭和一些素烧陶器。像通布图这样的沙漠城市，可以借着水运为沙漠里的游牧民族提供谷物等农产品。国际交易城市通布图成立以来，一直助力着尼日尔河内陆三角洲丰富的第一产业。

尼日尔河的支流巴尼河沿岸散落着大大小小的交易村庄。村庄里的清真寺由日晒砖盖成，寺内耸立的高塔让人联想到欧洲的哥特式教堂。村庄里也有许多古兰经学校，小孩子们在学校里大声地诵读着《古兰经》。教授《古兰经》的老师大多是贩卖占术和咒药的圣职人员。

在伊斯兰学的中心城市通布图和杰内，有许多来自马格里布、伊比利亚半岛、中东等地区的伊斯兰学者到访。通布图的附近还有许多犹太人的村庄。

在尼日尔河内陆三角洲，各种各样的工艺文化甚是发达。因为过去的这里是金银贸易的繁荣地区，所以一直保留着金银工艺。纺织师、染色师、刺绣师、手工师等都在这里聚集，使得这一带伊斯兰服装文化异常繁荣。这里还有皮工艺师，皮靴是这里的特产（带脚后跟的皮靴，脚跟处从头开始内折，穿法类似凉鞋）。这里也有造船木匠和专门建造日晒砖房屋的工匠。

尼日尔河内陆三角洲同时也有靠着第二产业、第三产业的职业群体，形成了高度职业分工的社会。内陆三角洲地区的马里帝国和桑海帝国也是在社会分工明显、各民族荟萃的多样性生产和多样性经济的基础上建立的，属于国际化都市国家。这些国家现已不复存在，不过杰内和通布图却仍旧屹立。我最终选择在非洲最古老的都市——作为国际贸易的伊斯兰城市杰内居住。

· 对多部族贸易的伊斯兰城市——杰内和通布图的研究

杰内位于三角洲内的一座小岛上，四周被运河包围，河岸的一半都是港口。

　　矗立在杰内街道正中央的是世界上最大规模的日晒砖清真寺。杰内人口大约一万余人，街道是由日晒砖建造的独特装饰的建筑物组成。每家每户的用地狭窄，几乎都是双层屋，屋子附带中庭，屋顶建有阳台。现杰内市的历史大约起源于13世纪时期，市区附近有杰内（名为杰内或杰诺）古城的遗迹，古城的历史可以追溯到公元前3世纪。麦金托什（Macintosh）夫妇曾在杰内古城进行了考古学研究，为阐明环绕杰内古城的尼日尔河三角洲的历史做出了巨大贡献。伴随着考古学研究的推进，造型优美的素烧人像陶器被大量发掘，伊斯兰化以前的内陆三角洲文明也一目了然，同时引发了令人震惊的盗掘事件[7]。

　　为了开车去杰内，汽车必须在泛滥平原内修建的堤防状漫长道路上行走。到了尼日尔河的最大支流巴尼河，需要借助装载汽车的钢铁轮渡才能渡河。

　　内陆三角洲的北部沙漠是通布图的所在地，过去，这里靠尼日尔河的水运与杰内连接，通布图的骆驼商队纷纷涌向杰内。在通布图装船的货物，沿下游运到加奥或者安松戈（Ansongo），沿上游则是运到杰内。通布图发出的主要货物是从撒哈拉中央的盐矿山塔哈扎和陶德尼开采出来的岩盐。

　　杰内出售的货物主要是大米和阿拉伯橡胶等农产品，销地是缺少农产品的通布图。尼日尔河上游地带出产的黄金在过去也是主要商品，重量微小但价格不菲。在尼日尔河水运中不会出现沉甸甸的商品。

现在的杰内，已经不具备国际贸易城市的功能了。撒哈拉贸易的衰落，使卡车运输成了主流，陆路成了贸易路线的中心。即使尼日尔河干流的水运在今日仍然频繁进行，然而通往杰内的运河仅适合当地的木制缝合船航行，大型的钢铁轮船无法通过。被殖民以后，在巴尼河与尼日尔河的汇合点建起的河港莫菩提取代了杰内的地位，成了尼日尔河内陆三角洲南部的据点港口，同时，莫菩提与东西横穿马里的主要国道相连接。

杰内也好，通布图也好，两者都是多部族城市。在杰内，到如今仍然流行着六种语言。分别是马里的通用语法语、广泛流行于马里西部的以首都巴马科为中心的班巴拉语、畜牧民族富尔贝人的富尔贝语、渔民博佐族的博佐语、在杰内周边泛滥平原过着稻作生活的马尔卡族的马尔卡语（达芬语）、分布在尼日尔河流域的桑海人的桑海语。还有，这里的人民不止掌握一种或两种语言，而是六种语言各懂一些，被哪种语言问候就用哪种语言回复是这里的礼节。不仅如此，多人聚集讨论时，其中一人说的话也会被翻成法语、班巴拉语、富尔贝语，最后再回到法语。由于过去撒哈拉游牧民族图阿雷格族与阿拉伯商人交流往来，人们也会使用阿拉伯语和塔马舍克语。实际上，杰内有一个名叫桑克雷（白色主人）的地区，那里居住着许多阿拉伯系的居民。

杰内的姊妹城市通布图，到现在，黑皮肤民族除了讲班巴拉语、桑海语、富尔贝语之外，还会讲阿拉伯语和图阿雷格的塔马舍克语。阿拉伯人和图阿雷格人居住的街区占据了半个通布图。在通布图，建有桑克雷清真寺，过去是通布图的伊斯兰学据点学校。

·黄金交易

　　杰内作为国际贸易的伊斯兰城市，在经济上发展最为迅速，主要得益于尼日尔河上游兴起的黄金贸易。10世纪时期，加纳帝国在撒哈拉沙漠南边的黄金贸易中转地成立，11世纪到12世纪，伊斯兰化的加纳帝国呈现一派繁荣景象。在马里的居民中间，黄金交易影响下的黄金饰品文化极其流行。出席结婚仪式等重大典礼时，到场的妇女们耳洞上密密麻麻都是金耳环、头戴金发饰、脖子挂着金吊坠，光鲜亮丽地伫立在会场中。不过，她们的金饰品在旱灾爆发的时候就是备用的救急财物，因此，1990年间经常能见到的金耳环，在爆发了严重的旱灾以后就淡出了人们的视线。

　　黄金是早期撒哈拉贸易的商品。撒哈拉贸易的商人们难以直接从金产地拿到黄金，因为金产地在远离撒哈拉的南方的湿润森林地带。金产地以班布克与布雷最为知名，两地位于尼日尔河与塞内加尔河最上游的肯尼亚山区的森林中。然而，一些特殊的贩盐商人却能靠近金产地。由于湿润地域的盐分不足，而居民的生活又必须摄入盐分。所以商人们带着森林地区的居民梦寐以求的岩盐，走进金产地周围的森林区域，就算来到金产地附近，商人和淘金工也不会直接交换岩盐和黄金，商人会在森林的空地上提前把岩盐放好，淘金工也会在空地上放下足量的黄金支付岩盐的费用。如此进行的买卖形式属于秘密贸易[8]。

　　在金产地的附近，大部分的淘金工都是到处挖掘。河底也会发现零星的黄金或者沙金，甚至儿童们也被动员做淘金工，手里拿着笸箩在水里寻找黄金。也许古时候也是用这种方法采集黄金的吧。1990年间，人们认为凭借矿业生产的黄金产出已到尽头，南非的矿山公司正要重新采掘的时候，发现了一座新的金矿，新矿的黄金出产量到现在仍占马里共和国财政收入的三分之一。

·曼萨·穆萨王的大改革——建设连接通布图的新交易路线

　　13世纪，以金产地周围为中心，马里帝国被建立。此后，历代的马里国王都携带着巨量黄金去麦加朝圣。王权逐渐控制了金产地。其中最有名的一次是14世纪曼萨·穆萨王的朝圣，当时马里帝国正处于鼎盛时期。与之前的马里国王携带巨量黄金朝圣不同，曼萨·穆萨王的花费使开罗的黄金市场持续下跌了30年[9]。

　　作为穆萨王的重大事迹，他朝圣的路线是从马里帝国北部的撒哈拉交易的中心城市瓦拉塔出发，途经撒哈拉中部的盐产地塔阿扎，又横穿撒哈拉中部抵达地中海沿岸。从麦加返回时，朝圣队伍先到尼日尔河岸的加奥登船，走水路经过通布图，最后回到位于尼日尔河上游的马里帝国首都尼亚尼。这条路是撒哈拉交易的最长路线，之前没有人走过这条路。之前的通布图也仅仅是撒哈拉的游牧民图阿雷格族挖掘水井的场所（"通"或者"顷"在塔马舍克语中是水井的意思）。朝圣完毕以后，曼萨·穆萨王在通布图建造了至今仍保存完好的大清真寺（津加里贝尔），并且招募中东、马格里布以及西班牙等地区的伊斯兰学者，最终把通布图打造成了伊斯兰学的学术据点。桑科尔清真寺就是为发展伊斯兰学修建的学院。从此，大批的学者从世界各地慕名前来学习伊斯兰学。在摩洛哥，甚至有人视通布图为理想的安葬地，通布图境内光圣者墓就有333座。

通布图发展成了撒哈拉交易的据点城市，这也是撒哈拉交易体系的一次重大改革。通布图形成以前的撒哈拉交易中心路线是撒哈拉西路线。而随着通布图的建立，撒哈拉交易形成了以通布图为中转地的横跨撒哈拉的中部路线。这条路线的出现意味着马里帝国可以独霸撒哈拉交易。在避开支配撒哈拉西路线的旧势力的干扰下，黄金交易在新路线上顺利进行。

通布图路线从撒哈拉中部朝三个方向延伸，分别形成三条路线。

西北路线斜着穿过撒哈拉西部，通向摩洛哥南部的扎戈拉。在扎戈拉挂着的告示牌上标示着坐骆驼去通布图需要走52天。而且扎戈拉的语义是大卫王，表明当地是犹太人的城市。

从撒哈拉直接北上的是中央路线，经过将近200千米的严酷路途，就到达了阿德拉尔的绿洲地带。从绿洲地带再稍微往西走一段路程，过了西吉尔马萨，就到了摩洛哥北部的旧王城菲斯。要是向东走的话，过了盖尔达耶和瓦格拉，能抵达突尼斯南部。那里离利比亚的的黎波里很近。

从通布图向着正东方前进，过了奥加尔山地，也能到达突尼斯南部或者利比亚。

· 独占盐贸易

这条新路线，使马里帝国拥有了独占盐贸易的权利。

盐交易控制着撒哈拉南部的撒哈拉以南非洲居民的命脉。撒哈拉以南非洲的湿润地域不产食盐，而动物和人却离不开盐。幸而撒哈拉中部有两处食盐供给地，分别是撒哈拉沙漠西部的伊吉勒和通布图北部700千米的塔阿扎·陶德尼，这两个地方是撒哈拉地区仅有的盐产地。伊吉勒是撒哈拉沙漠西部路线的阿拉伯系柏柏尔族控制的盐产地。塔阿扎·陶德尼出产的盐先是被旧势力的加纳帝国垄断，后来又被马里帝国垄断。

随着通布图的建立，塔阿扎-陶德尼出产的岩盐不再流通于旧加纳帝国的贸易城市，而是被装在图阿雷格族的骆驼驮上，再经过700千米的路途跋涉运到通布图。之后，又从通布图经水路运到尼日尔河上游的杰内以及下游的加奥。

从通布图运往杰内的盐，按人数分配好重量，一直运到湿润且森林茂密的非洲腹地。因此，许多资料记载的运盐工人都留着秃头（Cuoq，1975）。经过工人远途跋涉辛苦运来的盐，几乎可以交换相等重量的黄金。

尼日尔水运不仅仅运载盐，也会运载许多农作物和工艺品到通布图。

新路线的开辟，让马里帝国控制了撒哈拉的西南部交易。若是细算此事给马里帝国带来的利润，穆萨王在中东花费的黄金顶多算得上是马里帝国的宣传费。国际交易城市通布图的崛起得益于尼日尔河内陆三角洲的雄厚的第一产业，也是马里帝国借黄金和盐来控制撒哈拉以南非洲主体居民的政策沿袭。

·尼日尔河水运的改革

开辟新交易路线伴随着重重困难。

首先就是尼日尔河水运犹欠发达，尼日尔河内陆三角洲在13世纪马里帝国成立后，被纳入了统一帝国的管辖范围内。因此，尼日尔河的水运体系还不是十分完善。马里帝国也曾试图统治杰内，但是由于杰内四周被尼日尔河与巴尼河环绕，其战略最终没能实现，这也说明马里帝国缺乏优良的水军。

近代的缝合船帮助马里进入了帝国时代。缝合船的问世，大大地改良了尼日尔河的水运条件。缝合船出现之前，尼日尔河水运只能依靠筏船，虽然现在还有木筏和竹筏，但是只能沿着水流缓慢的岸边划行，时常伴有沉船的风险，一旦遇上定期袭扰尼日尔河的风沙，就难以航行。法国探险家勒内·卡耶从尼日尔河坐船前往通布图的时候，曾偶然遇见许多载着货物的筏船沉入水底。

现今尼日尔河面有德国造的腓立尼号巨轮航行，是尼日尔河水运的主要航船，即使是这样的大型轮船，在偶遇沙尘暴的时候，也不得不将缆绳紧紧拴在岸边的系船木上稳定船体。即便如此，我总觉得如果大风暴来袭，大型轮船同样有可能被波浪冲走。

·撒哈拉绿洲的建设

另一个不得不克服的难题，就是必须开辟撒哈拉贸易的中央路线。其重点是将撒哈拉中部的绿洲建设成中转地。以图瓦特为中心的阿德拉尔绿洲群就出色地发挥了中转地的效用。这片绿洲群的发展年代正是通布图被建立的14世纪。到访曼萨·穆萨王统治下的马里帝国的伊本·白图泰在返途中曾路过通布图，后向东越过奥加尔山地，又翻越图瓦特地区的绿洲，最终抵达摩洛哥。不过伊本·白图泰并没有提到过图瓦特，只是谈论过绿洲地区口感极差的椰枣和乳酪，以及绿洲地区居民的贫乏生活，这些是他对绿洲的唯一印象。在他以前的阿拉伯地理志根本没有记载过通布图。伊本·白图泰是首次提及通布图的探险家。

不过，伊本·白图泰在《柏柏尔史》中提到了图瓦特与瓦尔格拉，书写记载了这两个地区因与"苏丹"（撒哈拉以南非洲）展开贸易而使民众富裕、经济繁荣（Ibn Khaldoun，1856）。伊本以后的探险家利奥·非利加努斯在其著作《大旅行记》中记载了更多关于图瓦特和瓦拉格尔地区的交易活动（L'Africain，1956）。

通过阿鲁·马基里对犹太人的镇压，人们可以知道在14世纪到15世纪期间，曾有大量犹太人居住在阿德拉尔绿洲地带。伊斯兰教的异端哈瓦利吉派中的艾巴德派信众也大量聚居在这一带。到了现代，阿德拉尔绿洲地带仍有众多艾巴德派居民，尤其是被称作"撒哈拉珍珠"的盖尔达耶地带的居民，多数都信奉艾巴德教派。

哈瓦利吉派可能在"阿尔莫拉维德圣战"爆发后被赶出了撒哈拉西部，但是在撒哈拉环境最优美、规模最大的盖尔达耶，为何有那么多艾巴德派穆斯林呢？这可能与撒哈拉交易开辟了新路线有关。新路线开辟后，不仅是信奉正统伊斯兰教派的居民，还包括犹太人、伊斯兰教的异端信众、周边居民以及宗教组织等都聚集至盖尔达耶。

　　出生于通布图的历史学家哈伊达拉曾明确指出在撒哈拉交易中占据重要地位的犹太人曾在盖尔达耶居住（Haidara，1999）。

·延伸至萨瓦纳地带的撒哈拉以南非洲贸易路线

　　随着尼日尔河交易文化的发展，自杰内至南部湿润地域的萨瓦纳（非洲稀树草原，savanna）形成了现场交易文化。虽然有些商人会牵着数头毛驴去交易现场，但大多数商人都是步行前往。

　　旺加拉（Wangara）族是一支传奇的商业队伍，他们主要从事盐和黄金的交易，以敬虔地信奉伊斯兰教为人熟知。如今的通布图依然有旺加拉区。

　　现在，频繁活跃于马里帝国至几内亚、科特迪瓦地区的商业民被称为朱拉（Dyula），是大有来头的曼迪系商业民。他们由马里帝国的主体民族马林克人组成，使用的语言是曼迪语系的马林克－班巴拉语。这个商业部族的内部结构呈多样化，"朱拉"是沿海地区的非穆斯林居民对穆斯林商人的一般称呼。

　　在马里的东边，今尼日利亚和尼日尔、喀麦隆的中央苏丹，作为商业民的豪萨族最有名气。这个民族实际上包含许多民族，不过使用的语言都是豪萨语，因此中央苏丹的伊斯兰商业民都以"豪萨"为名。

　　即使说西非洲内陆和沿海地带结成的商业贸易被豪萨和朱拉所操控也并不夸张。

　　若再稍微详细地介绍的话，与撒哈拉沙漠接壤的萨赫尔－苏丹地区建立的王国或帝国，都把自己领内的交易中心控制在手。

因此，当地的居民也自然而然地成了出色的商业民。在西非，加纳帝国的主体民族索宁克族（亦称萨拉科尔人、马尔卡人）、马里帝国的主体民族马林克族（曼丁哥人）、桑海帝国的主体民族〔又称作"Koiroboro"（市民）〕的桑海人等，都是典型的商业民。富尔贝－伊斯兰国形成后，国内也诞生了名为"Jahwanbe"（贾旺贝）的商人阶级。

在西非东部的中央苏丹，豪萨诸王国的主体民族豪萨族与卡涅姆－博尔努帝国的主体民族卡涅姆族和博尔努族（卡努里族）是最卓越的商业民。

以上的穆斯林商业民的活跃程度令人震惊。16世纪期间，在大西洋的几内亚湾沿岸建立的商馆里，出现了奴隶交易以及其他交易，为几内亚海岸带的阿散蒂等王国带来经济上的繁荣。这些王国还与大陆内部缔结了交易关系。

· 萨瓦纳商队的贸易品

据前述中勒内·卡耶的旅行记所称，萨瓦纳商队是徒步前进，队长会牵着两三头毛驴随行。商队里也有女性，她们步行在商队的最前面，负责准备商队白天的伙食。

商队步行的时间出奇的短暂。早上6点出发，中午11点到下午1点之间休息。之后就开始准备午饭，同时把商品卖给当地的居民。中午11点就休息似乎有点早，但是当我切身体会到非洲地狱般的酷热后，便能理解商队的做法。就算现在，在烈日下耕作的人们也会选择在这个时间段休息。

商队住宿的地方同当地居民的村庄保持一定的距离，即使靠近村子，也在空间上保持距离。商队途经的主要地区，都住着柏柏尔族的马里部落民族，"柏柏尔"是对非穆斯林的异教徒的蔑称。因此，商队尽量避免与他们在夜间接触。

商队交易的主要商品是可乐果。可乐果是生长在南部森林地带的可乐树（C.nitida，C.acuminata）结出的果实，大小接近板栗，有红色和白色两种类型，嚼在嘴里，带点柿子的干涩。可乐果含有大量的咖啡因，是谢绝饮酒的穆斯林的最爱。尽管到了现代，可乐果依旧是穆斯林居民之间相互赠送的贵重礼品。美中不足的地方是可乐果一旦干燥，口感就大大下降。因此，在保证水分含量和新鲜度的同时把可乐果运到远处会需要大量的劳动力。萨瓦纳的商人在交易途中会用草袋把可乐果包起来，他们把可乐果等价换成岩盐，然后就返回村子。

除了可乐果的售卖，各村子也会出售农产品和工艺品。人们会把除乳油木奶油以外的购入品售给途中经过的村子。

乳油木奶油是从名叫乳油木的酪脂树上采集的植物黄油。这种黄油是纯天然的绿色食品，可以用来烹饪，也可做灯油或者加工肥皂。时至今日，杰内南部的农田里还种植着密密麻麻的酪脂树，组成了规模壮大的混牧林。现在，杰内出产的乳油木奶油都打包在圆瓢形容器里，然后大量运送到通布图。

当地叫作非洲芥菜或内蕾（néré）的树种（派克木parkia biglobosa），也是混牧林的树种构成之一。非洲芥菜的果实发酵并干燥后，就成了易保存的黑色固体，也可做烹饪用的调味品。

非洲芥菜也是重要的交易品。

　　萨瓦纳的商队步履缓慢，每到一处就会和当地进行商品交换，一边交易一边向着商都杰内行进。

　　卡耶曾经见过奴隶商人，他们是赶着驼队的索宁克武装商队，他们交易的行程中不会在任何村庄留宿。

　　卡耶把曼丁格商人（朱拉）称作贪婪商人，在路途中，他们会把各种各样的交易方法记录下来，他们不会通过衡量对方商队来判断交易是否获利，而是善于物物交换的商队。因此，路费告罄的卡耶一路上历尽艰苦。

　　曼丁格商人是将班巴拉各部族生产的农产品带到伊斯兰交易场所的穆斯林中间商。在杰内，阿拉伯商人批量收购农产品并且把收购的货物用船运到通布图，曼丁格商人与阿拉伯商人在杰内交易，通过他们的交易，贯通了萨瓦纳与撒哈拉的交易。曼丁格人和阿拉伯人是缔结交易的重要商人。

· 伊斯兰学的中心城市

　　杰内和通布图为多样的交易活动及其派生的多民族交流提供了便利，最终成为伊斯兰学的中心城市。直到现在，街道上还有许多古兰经学堂，里面包括许多高级的古兰经学习机构。曾在西非各地的古兰经学堂受过教育的三十岁到四十岁的学徒们又来到通布图和杰内学习。也有人认为杰内的伊斯兰学者擅长占卜和神秘的巫术，有许多企业家和政治家为了学习占卜和巫术，专门从西非各地跑到杰内。

伊斯兰学僧以布施和托钵为生。每到用饭时间，僧侣们就会手托着葫芦切成的瓢钵，一边吟唱"安拉……噶里布"，一边敲开民宅化斋。听到"安拉……噶里布"，居民们就会理解这是"安拉的乞食"，并把僧侣们称作格里布。若想拒绝乞食的人，居民只需回一句"阿拉·纳乌"就可以了，意思是"安拉自会眷顾你"。

身为长老的伊斯兰学僧也同样会乞食，若是空手拜访他们，他们可能会大声责备来者："既然来探望格里布，两手空空是什么意思？"我在杰内刚开始做调研的时候，那里是一片荒漠，牧民失去了家畜，农民不再耕作，渔民也捕不到鱼，所有人都很艰苦。普通居民明显不具备布施的经济能力。因此，长老们的生活也很穷困。至于年轻的伊斯兰学僧，身上都是脏兮兮的，穿着破破烂烂长年未洗的衣服。我曾特意送给他们肥皂，也算是我个人的布施吧。

但是，这般试练对预备成为日后社会的精神领袖的学僧们来说是必要的。靠过着贫困生活的地区居民的施舍和接济，年轻的学僧们学习着伊斯兰知识。因此，乞食会面向杰内的全体居民。即使是贝尔族牧民，或是班巴拉族的田作农民，或是桑海族的稻作工商民，再或是博佐族的渔民和马尔卡族的稻作商业民，甚至像我这样的外国人，都会碰到伊斯兰学僧的乞食。就算是贫穷的居民，也会碰到学僧乞食，当他们向学僧施舍时，就好像获得了些许的快乐。

通过乞食和布施，伊斯兰"圣战"者学会了构建多部族共存的世界，同时也形成了根植于日常生活的国际精神。但这并不是什么好事，有些可恶的年轻学僧由于难以忍受乞食修行的艰苦，最终选择离开老师。其实，我调研时经常会询问身边的青年助手，他非常熟悉乞食修行的艰苦程度。他虽然在修行中途放弃（赤脚行走50千米），但是因有过乞食修行的经历，反而有种自我得意。

四　撒哈拉以南非洲畜牧民建立的国际化王国——在雷布巴的研究

· "富尔贝族圣战" ——萨瓦纳的国际化王国

受撒哈拉贸易直接影响，西非诞生了具有代表性的伊斯兰文明，我也曾亲眼所见。然而在西非萨赫尔－苏丹地带，也形成了另一种类型的伊斯兰文明。

18世纪到19世纪，富尔贝畜牧民族发动了建立伊斯兰国家的运动——"富尔贝族圣战"。因着"圣战"，富尔贝－伊斯兰文明在西非内陆各地区开花结果。在比萨赫尔更湿润的苏丹地区，形成了以养牛牧民为核心的伊斯兰文明，他们不参与撒哈拉交易和黄金交易，也不参与奴隶交易[10]。

富尔贝民族是生活在原野的民族，他们在生活中与撒哈拉交易的商业文化和伊斯兰文化都保持距离。直至13世纪，富尔贝民族一直居住在西非，主要分布于尼日尔流域与塞内加尔流域。18世纪期间，他们向东移居3000多千米，集中分布在中央苏丹。中央苏丹位于撒哈拉南部的中央，以乍得湖盆地为中心向四周扩展。

过着游牧生活的富尔贝人，在18—19世纪期间，几乎占据了广袤的西非全域，他们接受伊斯兰学者的教导，选择皈依伊斯兰教，在西非内陆各地建立了数个伊斯兰国家。在西部的塞内加尔流域建立了富塔－托罗王国，在南部形成了富塔－博诺王国，在几内亚高原形成了富塔－贾隆王国，在尼日尔河内陆三角洲形成了马西纳帝国和图库勒帝国，在中央苏丹形成了索科托－哈里发帝国。萨赫尔－苏丹地带的全域几乎都建立了信奉伊斯兰什叶派的伊斯兰帝国。

所有帝国中规模最大的国家是成立于尼日利亚豪萨地带的索科托－哈里发帝国。其版图与尼日利亚周边四国接壤。大多数的富尔贝－伊斯兰国家都随着非洲殖民化和各国的独立而灭亡。不过，索科托－哈里发帝国及其藩国在殖民地时代曾被间接统治，也被尼日利亚和喀麦隆等独立民主国家统治过，依旧延续到了现在。

索科托－哈里发帝国位于索科托地区，在哈里发政权的统治下，形成了数个以埃米尔（酋长）为国王的酋长国（埃米尔国），各个酋长国又统治着许多从属国，这样就形成了双重的治理体系。这种国家群体，类似于日本江户时代各大名统领的藩国，处于半独立状态。隶属于索科托－哈里发帝国双重政权下的从属国、直接受治于阿达马瓦酋长国的雷布巴王国，我从1979年对其展开调研。雷布巴王国是阿达马瓦酋长国的最大属国，现在的面积达到52 000平方千米[11]。

阿达马瓦酋长国位于索科托－哈里发帝国东南部的边境，其版图几乎覆盖现在的北喀麦隆全境，又占据了乍得湖的部分范围。阿达马瓦酋长国的首都在今尼日利亚的约拉市。位于尼日利亚的约拉，在非洲被殖民期间，曾孕育了尼日利亚，是英国在非洲的殖民地。原因是约拉是英国从德国占领的喀麦隆——旧阿达马瓦酋长国的领土中分割出的一部分。这一分割为尼日利亚和喀麦隆的独立奠定了基础。

· 萨瓦纳的国际化王国

雷巴布王国有大量的奴隶，是非洲境内最强大的延续着传统政权的王国。由于这个原因，仅有2500人的首都建在了贝努埃河上游的各支流汇集的泛滥平原。这里的雨季有半年之久，每到雨季，河面升高，阻止了汽车交通。面积与日本九州岛接近的雷布巴王国，其国内全境的陆地交通发展困难，人口也不足5万。雷布巴王国的治理方式仍旧依靠传统王权。

正因为如此，雷布巴王国在殖民地以前是一个自发形成的王国，它是一个独特的非洲伊斯兰王国，现在依然生机勃勃。王城中央坐落着一座由七八米高的墙垣围起来的王宫，王宫门前是二十多个身着华丽的伊斯兰服饰的家臣列阵站立。祭祀当天，王宫门前放置的巨鼓咚咚作响，骏马披着五彩缤纷的饰带。骑兵穿着深红色的军服整齐站立，背着箭筒，手持刀枪。整装待发的步兵也列阵宫门前。长度近四五米的黄金喇叭和野牛角号筒齐鸣，在乐师的指挥下，双簧管发出浪涛般的声响。

雷布巴王国有近5万人，其中包含20多个部族，着实令人震惊。在2500人的首都，聚集着不同的部族。我认为这就是萨瓦纳地区的超多部族的国际化王国和国际城市。通常人们认为非洲是多部族社会，对非洲的研究也是以部族为单位展开。只是雷巴布王国的部族数量惊人。因为雷巴布王国先统一了许多自给自足型经济的小部族，后来各部族融合为多部族的王国。

雷巴布王国是索科托－哈里发王国的属国之一。索科托－哈里发帝国的疆域相当于日本国土面积的3—4倍。这辽阔的疆域里有多少个部族呢？最少也有300多个。这些部族融合以后，在19世纪构成了一个伊斯兰王国。国民们在生活中结成的社会关系超越了部族，雷巴布王国就这样缓缓走向大一统。国民们积极地与中央苏丹的商业经济中心——豪萨地区展开贸易，以王国的家臣集团为中心的豪华的服饰文化也繁荣起来。19世纪，英国的克劳伯顿、德国的海因里希·巴尔特等人都曾走访过索科托－哈里发帝国，留下了浩繁的旅行传记，将当时的帝国政治安定、人民享受富裕生活的场景记录成册。

· 王权中枢的脱部族结构

在考察雷布巴王国的统治机制时，我深感诧异。因为富尔贝族是雷布巴王国的统治阶层，治理着许多部族，王国内部的部族则没有形成等级统治。作为少数民族的富尔贝人统一各部族并建立伊斯兰王国。在新建的王国内，政治行政的核心由被征服民族的奴隶组成。国都内的多数居民也是被征服的民族。在雷布巴王国，奴隶的含义不同于欧美语言以及日语里的奴隶，被称作"奴隶"似乎包含光荣的成分，类似日语中的"家臣"，或英语里女王的侍者——"servant"（仆人），是名誉极高的称呼，且只适用于贵族。可认为雷巴布王国的奴隶等同侍者或日本的家臣。

雷布巴王国的王权中央，脱部族化进行得如火如荼。因国家重臣的家庭内部多为一夫多妻，其妻室生自不同部族。人类学家在研究雷布巴的某些社会时，彻底考察过当地的家庭和亲族关系，本想详细地阐述名为"库拉"和"利尼吉"的部族关系的联系程度，最后的结果却是些模糊的前提。然而在对雷布巴地区的家庭结构逐一考察时，学者们发现由于受异部族通婚和多婚制的影响，雷布巴的家庭是多部族结构，又从多部族结构逐渐转变为脱部族结构。在家庭内部，儿童、母亲、父亲都在学习和实践多部族共存。一夫多妻制家庭是多部族社会的脱部族化结构。

连国王也不例外，因为国王的家庭有妻妾十多人，是最具代表性的一夫多妻家庭。而且历代国王都会与被征服民众所生的女子缔结婚姻。之后的国王要从奴隶母亲生出的王子中选出。在继承王位时，王子间会激烈争斗。支持各王子斗争的是其奴隶母亲身后的各部族。毋庸置疑，最后登上王位的人并非富尔贝人。所以，国王是脱部族的先驱。

我曾在雷巴布见过与尼日尔河内陆三角洲文明迥别却同样震惊人心的多部族世界主义伊斯兰文明。

・"圣战"理论——对传统伊斯兰文明的批判

这样的伊斯兰国家形成的原因是什么呢？

按照伊斯兰神学的传统，富尔贝出身的伊斯兰圣职人员认为既成的伊斯兰王国和伊斯兰城市及其内现有的伊斯兰文化里混有撒哈拉以南非洲的异教传统，失去了自身的纯粹性，并对此展开激烈的批判，最后爆发"圣战"。"圣战"也是对与撒哈拉交易同步发展的撒哈拉以南非洲的传统伊斯兰文明的批判。中央苏丹的豪萨王国和博尔努帝国就是典型的被批判对象[12]。马里帝国的国际交易伊斯兰城市——通布图和杰内也是被批判对象。

实际上，伊斯兰诸国王对伊斯兰教的皈依多是表面文章。马里帝国和桑海帝国的历任国王都会去麦加朝圣。阿斯基亚·穆罕默德为桑海帝国创建了阿斯基亚王朝（1443—1538）后，国王到麦加朝圣会被封为西非的哈里发，然后才回国。哈里发的意思是先知穆罕默德的代理人。穆罕默德去世后，哈里发逐渐成为中东伊斯兰国家的帝王称号，有的哈里发能连任四朝。之后，倭玛雅王朝成立，从此历任皇帝都称为哈里发。代表伊斯兰国王称号的哈里发，被授予了西非的国王阿斯基亚。

无论是14世纪考察马里帝国的伊本·白图泰也好，还是15世纪考察桑海帝国的阿鲁·马基里也好，都曾严厉批判遗留在撒哈拉以南非洲伊斯兰王国的异教传统和风俗[13]。

本来，撒哈拉以南非洲的伊斯兰王国并不是基于伊斯兰国家形成，而是在异教国家的基础上建立的伊斯兰国家。因此，其文化根源来自异教传统，带有异教遗风也是理所当然。而且，这些王国都诞生自农耕文明。农耕文明是否定伊斯兰信仰的异教、礼仪的宝库。王室虽然会接受伊斯兰信仰，但多数国民的信仰仍保持异教传统。

另外，这些伊斯兰文明背后的以撒哈拉为中心的伊斯兰化运动，可以说是对阿拉伯、富尔贝系商人和黑皮肤的伊斯兰圣职人员的经济性统治。特别是18世纪到19世纪期间，途经撒哈拉的奴隶交易蓬勃发展。博尔努帝国和豪萨五国以及支配尼日尔河流域的摩洛哥都是奴隶交易的中介国，对于居民的生活，伊斯兰王权反倒是阻碍力量。

对以撒哈拉交易为中心的撒哈拉以南非洲传统伊斯兰文明的批判，最终演化成"圣战"，战争几乎波及全西非内陆。此间，富尔贝、伊斯兰国家应势而生。同时，伊斯兰文化也传到以前的异教徒部族。由于富尔贝民族属于畜牧民族，因此撒哈拉交易影响下的萨赫尔地带到南部苏丹地带，商业交易不甚发达，伊斯兰化程度轻微，所以这些地域能孕育出伊斯兰国家。

"富尔贝族圣战"的时代背景是当时欧洲列强意图侵入并殖民非洲全境的殖民地时代，"圣战"给侵略者以强烈的危机感。欧洲列强最忌惮富尔贝、伊斯兰国家。

· 萨瓦纳资本主义的展开——家畜的军事力量和经济力量

那么，饲牛牧民为何能建立起强大的国家？我们试着把它当作现实中政治力量的问题来分析。

第一个原因是马的军事力量。现今，喀麦隆或尼日利亚的富尔贝、伊斯兰王国或独立国家在举行祭礼时，会有骑兵骑着装束华丽的骏马列阵，战马或疾驰或伫立。战马疾驰就是数头战马从位于王宫前、类似马场的广场开始朝着国王扬尘飞驰，跑到国王的正前处时急停，马的前腿骤然跃起，后腿挺立，摆出勇武的姿势。

骑兵在早前的伊斯兰王国就已存在。马里帝国时期，已经组建了装饰黄金辔头的骑兵队，伊本·白图泰的传记也有记载。以养牛为主的富尔贝畜牧民族，很晚才开始养马，18—19世纪间，富尔贝人训练出了骁勇的骑兵，从此登上了历史的舞台。

然而，富尔贝族本是侧重养牛的畜牧民族。现在的波洛洛游牧民族依然在原野中住着帐篷生活。小屋子用树枝搭成圆形，约一人高。这样的饲牛牧民，如何获得马并建立强大的国家？其原因又是什么？

我发现牛作为大型家畜，具有高昂的商品价值。一头牛有数百千克的肉，而且牛既能赶路和运货，又能买卖交换。牛有四蹄，几百千米远的市场都能走过去。现在的非洲内陆，位于大都市的海岸，或是跨越国境的地带，常有赶着数百头牛徒步运送的商贩。因此，牛的商品价值昂贵。如果一头牛可以卖十万日元的话，十头牛就值一百万日元，一百头牛就是一千万日元。卖上二十头牛，就能买一辆二手卡车。有这么多牛，就算是萨瓦纳地区的企业家了。富尔贝人可称得上是萨瓦纳地区的资本家。

当然，马和山羊以及绵羊的价格也很昂贵。马的价格千差万别，普通的一匹马，价格相当于一头牛的两三倍，有的名马价格是一头牛的十多倍。不过现在很少有人买马了。绵羊和山羊的价格由体型大小决定，平均一只羊的重量相当于一头牛的四分之一。人们饲养的山羊和绵羊的数量并不是很多，卖羊的钱只是用于补贴生活。

农耕民没有这类型的动产，即使是堆积如山的谷物，只要没有搬运工具，其商业价值就相当于零。最根本的原因是没有消费农作物的市场。现今人口大约1万的城市，居民们都有自己的农田。

人们印象里的畜牧国家，是贫穷好战的畜牧民征服了富有和平的农耕民之后，用抢夺的财富建立的国家。其实事实正好相反。农耕民并没有可用于交换的贵生产物。

在这点上，穆斯林服饰就是象征。18—19世纪的萨瓦纳地区，衣服就是价格高昂的商品。现在，撒哈拉以南非洲穆斯林的日常穿着依然是奢华的伊斯兰服饰，这种服饰有的缀着复杂的刺绣图案，有的染成蓝色。在过去，一件穆斯林衣服能换来一个奴隶或者一头牛。

不过，这种衣服用多少农产品都不能交换，因为农产品没有交换价值，所以大多数的农耕民族都是裸族。此外，由于牧民饲养的家畜具有极高的交换价值，所以牧民在非洲的产业文化中处于先导地位，是伊斯兰服饰的优质消费者。

畜牧民和农耕民可以分为"衣服民族"和"裸族"。他们在物质文化和经济文化上存在差异，在宗教信仰上也存在差异。在沿袭了传统的裸族文化的撒哈拉以南非洲，有一个区别穆斯林与非穆斯林的简单标准，就是看他们是否穿着伊斯兰长衣。令人惊讶的是，富尔贝伊斯兰政权并没有划分这种固定的阶层差异。

搜集关于"圣战"的口头传承资料，可得知现实中的富尔贝民族并不滥用武力。原因是他们即使与裸族异教徒敌对，也会送给对方衣服和牛，通过这种收买策略，多次以和平的方式终止战争。这也是伊斯兰化政策的第一步。因此，让裸族部落接受伊斯兰服饰的同时，也是向裸族部落传播伊斯兰文化的最佳方式，这表示裸族部落承认服从富尔贝人的伊斯兰政权。赠予的牛或者饲养的家畜一旦数量增加，就成了贵重的交换财产，由于这种方式，对于富尔贝民族来说，过去的敌对民族——裸族异教徒会在一段时期内成为拥护伊斯兰政权的同盟者。

雷布巴王国的经济基础是由牧民对国王的布施构成的。牧民们会从全部家畜中取出三十分之一送给国王（扎卡多）。布施是穆斯林日常必行的五功之一，要求是财产富裕的穆斯林必须取出一部分钱财施舍给寡妇、孤儿和老人等社会上的经济贫困者，或者施舍给身体不自由者、麦加朝圣者、伊斯兰圣职人员和学生等人，这种行为虽然属于社会福利，但也是伊斯兰王国的税收之一，税款的征收者就是统治各民族的富尔贝人。雷布巴王国的奴隶身份的家臣们都有许多华丽的衣服，赠送他们衣服是作为主人的国王的义务。

雷布巴王国有专门赞扬国王的歌曲，会在祭礼等盛典上演奏，歌曲的大意是：为我们穿上衣服遮蔽身体的王啊，在饥饿和忧患的生活里为我们预备食物的王啊！人民如此歌唱来称颂国王。

·富尔贝人的自我否定运动——"富尔贝族圣战"

畜牧民不仅是拥有强大军事力量的民族，还是拥有贸易手段和巨额财富的民族。这个发现让农耕文化出身的我深感震惊。这一发现也勾起了我对18—19世纪席卷西非内陆的"富尔贝族圣战"的兴趣。

关于"富尔贝族圣战"，我将在下面的内容中做出详细的介绍。

18—19世纪的西非内陆，都市文化始至成熟，普通居民之间的商品经济开始萌芽。其中最重要的原因是伊斯兰服饰文化的传播。伊斯兰服饰是昂贵的工艺品，要想成为穆斯林必须得穿着伊斯兰服饰。富尔贝人靠售卖家畜来购买贵重的伊斯兰服饰。通过家畜的商品化，富尔贝族成为萨瓦纳地区商品经济和都市文化的主导民族，并且是主要的推行者。而且，他们把交换价值昂贵的家畜换成伊斯兰服装，又把换回的服装分给商品经济圈外的裸族农耕民，以此获得了政治上的主导权。

富尔贝人是萨瓦纳的"资本家"，"富尔贝族圣战"是统领萨瓦纳地区资本主义发展的伊斯兰政治运动，算是非洲的第一次以生产者为中心的伊斯兰化运动，也因此推动了撒哈拉远距离贸易的形成。同时，"圣战"从根本上颠覆了撒哈拉南部撒哈拉以南非洲社会的伊斯兰文化，导致远离交易据点密集的萨赫尔地带的湿润萨瓦纳地区兴起许多伊斯兰国家，也使得萨瓦纳地区建立的世界主义多部族共存文明的数量接近萨赫尔地带的数量甚或超过后者。

就其结果而言，富尔贝族不仅是旧日生活在原野上的游牧民族，他们定居以后，化身为城市居民、商人以及伊斯兰教师和圣职人员，后又与北非出身的富尔贝女性结婚，过着多部族的都市经济生活，成了非传统富尔贝人的新型富尔贝人。这意味着"富尔贝族圣战"是富尔贝民族自我否定的辩证法，是建设伊斯兰国家的社会运动。

反过来讲，"富尔贝族圣战"也是18—19世纪兴起于撒哈拉以南非洲的城市、国家文明的社会先导。即使转变成市民，依旧得委托居住在原野的牧民来管理牲畜群，因此可以认为他们是牧民身份的富尔贝市民。一般认为，富尔贝城市化以后，当地居民没有以富尔贝（单数形态）这一部族名来称呼自己，而是自我冠以阿尔哈吉（朝觐者）、马尔穆（伊斯兰教师或圣职人员）、贾乌罗（伊斯兰王权下的村长）、耶利玛（伊斯兰王国的王子）等名称，以此来确立本民族在伊斯兰价值体系中的地位。富商们一般都会去麦加朝圣，所以自称阿尔哈吉是基本礼仪。

· 尼日尔河内陆三角洲

我将1985年对雷布巴王国的研究写成了题为"中央苏丹的世界主义城市"的法语学位论文（Shimada，1985），之后，又想在西非全域继续推进对富尔贝、伊斯兰文明的研究。从1985年起，我开始研究尼日尔河内陆三角洲。因为我在北喀麦隆研究的富尔贝，也就是伊斯兰王国的建国者，有着发源于尼日尔河流域及其西部的塞内加尔河流域的民族传统。可称他们是富塔托罗高地走出的王族，也可称他们是来自马雷的民族。富塔托罗高地处于塞内加尔流域内。马雷具体的含义不详。尼日尔河流域是过去马里帝国的繁荣之地（13—15世纪）。马雷的发音有可能是过去马里帝国的繁荣地带曼迪的音变。

当我去实地考察从尼日尔河内陆三角洲迁徙至北喀麦隆的富尔贝人的生活样式以及他们饲养的畜群时，他们的富裕生活令我非常诧异。富尔贝人遍布在北喀麦隆境内最丰茂的草地上，牧民和牛群数量多如星辰。在这片尼日尔河的三角洲地带，爆发过19世纪的"富尔贝族圣战"，成立了马西纳富尔贝伊斯兰帝国，可惜的是马西纳帝国于19世纪中叶灭亡，如今已寻不见它的踪迹。

毁灭马西纳帝国的是同为富尔贝伊斯兰国家的图库勒帝国（1848—1895）。图库勒帝国是富塔托罗出身的阿尔哈吉·奥马尔（1797—1864）所建立的。阿尔哈吉·奥马尔与试图侵略塞内加尔河内陆沿岸的法军对峙，后率军逃至尼日尔河流域，毁灭了当地的马西纳帝国。而后，奥马尔在马西纳帝国旧版图的基础上建立了更大范围的可以统御尼日尔河流域的图库勒帝国。不过图库勒帝国最终还是败在法军的攻击下，短短存在了一段时期后于20世纪初便消失在历史的尘烟中。

马西纳帝国的国都哈姆拉达希（意为神的加持）也是后来图库勒帝国的国都，现在仅是一片废墟。王都旧址在山背上，呈五角形状，四周由土城墙环绕，而今土城墙已变成断壁颓垣。王宫是由五六米高的石墙筑成，石砌的墙壁虽然看起来突兀，但能让人联想到当初它井然有序时的壮美。目睹这番景象，我不由得感叹道："宫墙和卫士不过是虚幻梦境。"王宫的内部安葬着马西纳帝国的三朝国王，墓葬是一片沙地，依据当地仪礼，若要参拜墓葬，须裸足走过玫瑰灌丛密生的荆棘沙地。

王都的附近有座小乡村，我走进其中的一户人家，里面有位气度不凡的妇人，我猜想她可能是马西纳王族的后裔，在这里为祖先守护墓葬。对于我的到访，她显得很高兴，但要是借宿的话，那个村庄实在是太小了。

最后我将住宿的地点定在位于尼日尔河内陆三角洲的国际化伊斯兰交易城市杰内。此后，我还去了撒哈拉的绿洲，亲身体验了尼日尔河的水运文化和遍布撒哈拉沙漠的靠驼队带动的撒哈拉远距离交易文化。借此契机，我仿佛看到了当初富尔贝人赶着牛群从位于西非塞内加尔流域的富塔托罗出发，翻过几内亚高原，跨过尼日尔河内陆，最后抵达中央苏丹的豪萨地带和喀麦隆地带，他们在迁徙的同时沿途建立了多个伊斯兰王国，他们是如此生机盎然的民族，他们的生活样式浮现在我的眼帘。有时候，我似乎会听到富尔贝人内心深处的呐喊——"何处是我族人的容身之所？"

五　撒哈拉以南非洲文明的发现

回过头来看的话，自从我1978年12月第一次踏上非洲大陆以来，已经过去了30多年。在此期间，我徘徊在撒哈拉沙漠的周边，而我的内心也在徘徊。我亲历了撒哈拉强烈的光线和剧烈的风沙。对于撒哈拉文化与被其排斥在外的萨赫尔-苏丹文化，具体该如何着手研究，我似乎毫无头绪。

30多年过去了，我回想自己在长年研究中的具体收获，其中有些内容相当重要。即发现了撒哈拉以南非洲伊斯兰文明以及包含其在内的撒哈拉文明。撒哈拉沙漠南端的撒哈拉以南非洲地区，之前被认为是未开化且黑暗的社会。

所谓的未开化社会，是指过着饔飧不继的生活，在经济上自给自足的社会。自给自足在英语中为self-sufficient-economy。self-sufficient的意思是吃了上顿没下顿，或指勉强维持生计的生存状态。

在社会方面，未开化社会是指由亲属关系和血缘关系构成的部族社会。社会组织虽然出现了部族长老、氏族长老、家族长老或者类似于长老的管理人等职位，但是社会阶层并没有发展成金字塔形的等级组织，而是各阶层地位平等。我认为非洲社会就是各未开化部族聚集并且互相竞争的社会。

在物质文化方面，未开化社会是不会纺线制衣的裸族社会。在精神文化方面，未开化社会没有文字。在宗教文化方面，未开化社会类似于前宗教现象中的巫术社会或者泛神论社会，是充满暴力的社会。

然而，我看到的撒哈拉以南非洲，并不像上述的未开化社会。

在经济方面，撒哈拉以南非洲社会受撒哈拉交易的影响，遍布撒哈拉的国际化商业经济从古代一直延续到现代。在社会方面，撒哈拉以南非洲不是部族社会，而是多部族共存杂居的超越部族的城市社会，还建立了强大的帝国。在物质方面，撒哈拉以南非洲有着奢华的服装文化。在精神文化方面，撒哈拉以南非洲的文化随着伊斯兰文化的传播，诞生了繁荣的文字文化，并随之出现了以文字典籍《古兰经》和法典《沙里亚》为主要经典的世界宗教。撒哈拉以南非洲社会还有许多传世的历史书籍，并培育出建立强大帝国的宗教领袖。

这样的文化，堪称文明。[14]

撒哈拉以南非洲文明的基础是撒哈拉远距离贸易。在辽阔的撒哈拉沙漠，零星分布的绿洲连接成长长的贸易路线。撒哈拉的词源来自阿拉伯语中的"撒哈尔"，意思是不毛之地。毫无生机的撒哈拉沙漠却盛开着长距离贸易的文明之花。

· 撒哈拉以南非洲伊斯兰文明的原动力之撒哈拉贸易和印度洋贸易

要论述撒哈拉以南非洲伊斯兰文明，就不能忽略斯瓦希里文明。东非洲印度洋沿岸，以印度洋贸易为原动力，造就了驰名世界的斯瓦希里伊斯兰文明。斯瓦希里文明在连接波斯湾–阿拉伯半岛和东非的印度洋沿岸贸易的影响下形成，也属于伊斯兰文明。斯瓦希里文明的基础是大众熟知的达乌帆船（阿拉伯小型帆船），这种帆船体型小巧，船底为尖尖的龙骨结构，凭独特的结构就能迎着印度洋洪流前进。

印度洋贸易在伊斯兰文明诞生以前就出现了，伊斯兰文明的诞生使印度洋贸易更加活跃。在东非沿岸的岛屿或者濒海岬角上，陆续建成桑给巴尔、基尔瓦、拉姆等交易城市。交易范围曾延伸至现今的莫桑比克海岸。以石造建筑闻名的津巴布韦，靠生产黄金做交易繁荣一时。其中心是基尔瓦，14世纪的伊本·白图泰到访时，称赞基尔瓦是世界上最具魅力的国家。虽然如今的基尔瓦已化为废墟，但桑给巴尔和拉姆等地区，到现在依然存有伊斯兰市的石造建筑。这些城市的建筑样式与北非马格里布的港湾城市如出一辙。阿拉伯语系的斯瓦希里语和内陆的班图语混杂后形成了基尔瓦的新语言。

关于斯瓦希里文化的研究，此前并没有详细的民族志资料，只有考察基尔瓦的中村亮等年轻研究员仍对斯瓦希里海岸文化进行着研究[15]。

· 撒哈拉以南非洲伊斯兰文明的动态结构

斯瓦希里文化没有面向大陆内部传播。从斯瓦希里出发，有多条交易路线通到坦噶尼喀湖畔的鲁济济河，斯瓦希里文化在交易路沿线略微传播，但是产生的影响力微乎其微。因此，斯瓦希里的意义在沿海地区和内陆地区存在着巨大差异。考察鲁济济河并开创非洲城市人类学研究的人是日本的日野舜也，他现今正在研究斯瓦希里其概念的等级结构（Hino，2004；日野，2007）。

伊斯兰文明覆盖的撒哈拉南部社会和斯瓦希里社会的差异，是两个地区由撒哈拉以南非洲的伊斯兰文明开拓，但两个地区的历史风土条件迥别。下面我会举例说明。

撒哈拉以南非洲伊斯兰文明的扩张，前提是撒哈拉以南非洲必须接受长距离贸易，或者说必须引进贸易来刺激当地的生产力－经济力。在撒哈拉南部地区，塞内加尔河、尼日尔河、乍得湖以及汇入这些水域的支流都流经辽阔的干旱地域，这些流域都形成了广阔的泛滥平原。借助平原优势，当地发展农业、畜牧业、渔业等多样的第一产业，形成出产丰富的自然灌溉文化地域。

在东非的印度洋沿岸，斯瓦希里文明的形成据点是海产品的宝库和红树林海覆盖的半岛以及个别濒海岛屿（中村，2007ad）。不过这些据点和干旱地域河流流域相比规模较小，生产方式缺乏多样性。

撒哈拉以南非洲是贵重交易品——黄金的出产地。在这点上东非虽然与撒哈拉南部相同，但是撒哈拉在黄金的产量和金矿山的数量上占足优势。而且，西非地区的居民不可或缺的盐交易在撒哈拉中央的岩盐产地、盐湖和湿润的森林地带之间形成，盐交易与黄金交易互相促进，使经济有良好的发展。

在撒哈拉以南非洲地区形成的伊斯兰国家，以支配黄金产地和黄金交易为核心，进一步支配着远距离贸易。撒哈拉南部的西非地区，以黑色人种为中心的伊斯兰王国就握有远距离贸易的管理权。然而在东非地区，即便在贸易的中转地区形成了阿拉伯－波斯系的伊斯兰王国，由于国力较弱，所以掌管黄金产地的是津巴布韦王国（13—15世纪）、马塔帕王国（15—16世纪）等非伊斯兰王国。此外，随着葡萄牙等欧洲势力在斯瓦希里海岸的扩张，津巴布韦王国于15世纪消亡，其后马塔帕王国也在16世纪消亡。所以，保护斯瓦希里一侧的印度洋贸易并使其发展的国家制度并不是十分成熟。

　　最后一点也就是第四点，18—19世纪，富尔贝畜牧民族在撒哈拉南部发起了建设伊斯兰国家的运动，使伊斯兰服装产业和家畜经济深深地扎根在撒哈拉以南非洲居民的日常生活中，最终形成繁荣的伊斯兰文明。

　　具有畜牧文化的交易功能之于文明形成的重要性，前面已有介绍，但仅此还不足以构成文明。交易功能只能发挥媒介作用，我们似乎应当认为文明孕育自以第一产业为媒介的地域。

/ 注释 /

1. 关于撒哈拉南部的非洲世界的阿拉伯语资料集，见郭的著作（Cuoq, 1975）和列福特增、霍普金斯的著作（Levtzion/Hopkins, 1981）。依据阿拉伯语资料集详密记载的撒哈拉南部的非洲世界史，见郭的著作（Cuop, 1984）。以中世纪撒哈拉为中心的历史地理学研究资料，见冒尼的著作（Maunny, 1961）。
2. 关于阿鲁·马基里其人及其思想，可参考洪维克的研究（Hunwick, 1985）。
3. 见席德·阿玛尔等关于昆塔的研究（Sidi Amar, 1985ab, 1993）。关于桑科特地区的 "富尔贝族圣战" 和昆塔的关系见斯图瓦特的研究（Stewart, 1976）。
4. 劳德是撒哈拉岩画研究的先驱（Lhote, 1975）。关于撒哈拉岩画，后有白劳德等研究资料（Bailloud, 1997）。
5. 关于分布在政治形式长久混乱的尼日尔河与乍得湖的国境地带的泰达族及图布族的研究很少，不过，女性人类学者巴洛因的研究资料（Baroin, 1985）极具影响力。
6. 关于渡河时的雄伟气势，请参考拙作（岛田, 1988）。
7. 见麦金托什夫妇发掘杰内古城的记录（Mcintosh,S.K.&.R.J, 1980）。后又有麦金托什论述杰内的研究（Mcintosh, 1983, 1984, 1998, 2005; R.J.& S.K., 1980）。关于杰内的素烧陶器（泰拉科塔）的美术见蒂古尔尼的研究（De Grunne, 1980）。

8. 郭的研究（Cuop，1975：60—63）。见956至957年阿尔马斯乌迪（al-Mas'udi）所著的书籍及阿尔侯赛因（al-Husayn）的论文片段（950）。

9. 关于曼萨·穆萨去麦加朝圣，郭的作品（Cuop，1984）里有详细记载。

10. 关于"富尔贝族圣战"和富尔贝-伊斯兰国家的内容，拙著（岛田义仁，1995，1998b）中有详细记载。

11. 拉斯特和约翰斯顿关于索科托-哈里发帝国研究（Last，1967；Johnston，1967）为人们熟知。作为殖民地行政官的约翰斯顿的著作《索科托-富拉尼王国》中的"王国"的意义包含"索科托是征服国"。另一方面，拉斯特所著的《索科托-哈里发帝国》从侧面强调了索科托是伊斯兰国家。还有笔者写的关于索科托的访查传记（岛田，1999c）。访查期间，我恳请拜见当时的哈里发，过程非常顺利，但不幸的是，接受我的拜访之后，哈里发因飞机事故坠亡。关于雷布巴王国的直接宗主国——阿达马瓦酋长国的研究应见阿布巴卡尔的作品（Abubakar，1997）。

12. 关于富尔贝-伊斯兰国之前的伊斯兰王国的伊斯兰信仰与传统非洲信仰的双重标准的杰出研究，有尼古拉斯的关于尼日尔马拉迪地区的豪萨王国的研究（Nicolas，1975），还有以加纳帝国和马里帝国及其周边形成的小国群为对象的列福特增的研究（Levtzion，1968）。马拉迪王国是"圣战"中未被富尔贝人征服的豪萨王国。

13. 伊本·白图泰在著作中严厉地抨击了马里帝国之伊斯兰化的不彻底性（Cuop，1975），阿鲁·马基里也在论述桑海帝国宫廷的伊斯兰讲义中怒斥以阿斯基亚大王为代表的帝国骨干（Hunwick，1985）。

14. 这一点，最早提倡开创非洲城市人类学，以非洲的伊斯兰文明为研究核心的日野舜也（1984，1987，2003，2007）以及研究非洲的伊斯兰化和都市化的米山俊直均是屈指可数的非洲文明学的开创者。

15. 基尔瓦在过去是斯瓦希里海岸强盛的伊斯兰王国，因是印度洋黄金贸易的中转地而经济繁荣（中村亮，2007abcde，2008）。

第三章
欧亚非内陆干旱地域的人类生活的基本结构

一 欧亚非内陆干旱地域文明

干旱地域文明的形成也许是全人类历史的问题。

在欧亚非大陆中央，从撒哈拉到中东、中亚，再到蒙古，是一片横亘万里的干旱地域，人们称其为欧亚非内陆干旱地域。在这片广袤的土地上，形成了很多大型的文明，也就是欧亚非内陆干旱地域文明。

世界上最古老的文明有埃及文明、美索不达米亚文明、印度文明以及黄河文明等四大文明，这些文明都形成于流经欧亚非干旱地域的大河流域。不过，文明不仅仅形成于河流流域。从斯基泰、赫梯、匈奴开始到波斯帝国、希腊帝国、蒙古帝国、土耳其帝国、阿拉伯系柏柏尔帝国、倭马亚帝国等，许多大型帝国在不依靠灌溉文明的前提下，相继形成于欧亚非大陆的各干旱地域。

　　大型帝国形成的基础是：遍布欧亚非内陆干旱地域全域的远距离贸易及在各交易据点形成的城市文化，即依靠骆驼、马、驴等大型家畜的驮运能力而繁盛的贸易文明，以及由贸易维持的商业性的城市文明。丝绸之路也好，撒哈拉贸易也好，都属于此种文明类型。希腊的亚历山大大帝在中亚的费尔干纳盆地建造的城市，成为后来丝绸之路的据点。汉朝的皇帝也曾派遣张骞出使中亚。

　　伊斯兰教、犹太教、基督教、佛教以及琐罗亚斯德教、摩尼教等都形成于欧亚非干旱地域，所以干旱地域是宗教形成和发展的区域。

　　要想理解这种干旱地域文明形成的理论，就必须放眼全球。我所思考的正是干旱地域的人类生活的状态以及它的基本结构。

　　说到底，最初各干旱地域的文化与文明在发展变化时形成了差异性。干旱地域的文明并不都是先进文明。其先进文明只存在于旧大陆的干旱地域，而且仅仅是位于北半球的干旱地域。对于这些内容我不断思索，且想对干旱地域的人类生活的基本结构进行研究。

二　全球干旱地域的分布

　　我们先来考虑全球干旱地域的分布。

　　首先，我想将世界的生态学环境按照以下的简单标准划分为干旱地域、半干旱地域、湿润地域。

①干旱地域的年降水量低于500毫升。

②半干旱地域的年降水量为500—1000毫升。

③湿润地域的年降水量在1000毫升以上。

仅以降水量来衡量干旱地域、半干旱地域和湿润地域，尚有不足之处。

气候的干湿程度不单是受降水量影响，必须联想到气温以及受气温影响的蒸发量、水蒸气饱和度、降雨的季节性等因素。具体的计算方法可以根据马尔顿指数知晓，那是一套结构复杂的计算公式。将各种因素汇入，凯文的气候图是区分世界气候的代表作，他的气候图结构已经非常详细。不过，若要描绘出缜密无缺的气候图，恐怕连整体的概略都难以完成。

· 区分的根据

将年降水量500毫米设定为"干旱地域"和"半干旱地域"的界限的理由是：在我长年研究的撒哈拉南部地域，萨赫尔地带是撒哈拉干旱地域和其南部微湿润的苏丹地带的分界线，而萨赫尔的年降水量为500—600毫米。

年降水量不到200毫米、降雨月份在三个月以下的地带就是沙漠地带。在沙漠地带推行依靠雨水资源的农业非常困难。但是，沙漠里依然有谷物、干涸的河流以及沙漠涌水，利用这些自然资源饲养骆驼和山羊的图阿雷格游牧民和图布游牧民分布在撒哈拉沙漠带。在绿洲地带，则可以栽培椰枣和蔬菜类。

在年降水量200毫米至1000毫米的干旱半干旱地域的一年中，旱季持续六个月以上，雨季的时长在六个月以下。自然植被为灌木和疏林共生的萨瓦纳类型。作为谷物出产中心的萨瓦纳，农业和畜牧业都很繁荣兴盛。当地流行着撒哈拉贸易影响下形成的商业贸易文化，撒哈拉南部的伊斯兰国家和城市都是以萨瓦纳地带为中心形成的。

只是，这一带的生态学环境，年降水量只相当于600毫米的二分之一。在降水量600毫米以下的萨赫尔地带，植物的生长环境是优质草原，在草地上，畜牧业和农业都可以推行。由于降水的稀少，这一带的农业生产较为落后，而畜牧业则很兴旺。然而，在降水量600毫米以上的苏丹地带，在疏林大面积生长的植被环境中，农业文化甚是卓越。苏丹地带虽也有畜牧业，但从历史上来看，由于采采蝇的缘故，在过去的年月中，苏丹并不是发展畜牧业的优良环境。然而随着疏林在萨瓦纳的大量栽种，当地的农业和牧业都有显著的进步。

归根结底，这种区分依据只适用于炎热的非洲。在寒冷的地域，区分线和降水量线比非洲更低。例如气温寒冷的中国，蒙古族分布显著的内蒙古自治区和汉族分布显著的农业地区的分界线是400毫米的降水量。区分世界其他"干旱地域"和"半干旱地域"的年降水量只比非洲低100毫米，我认为全世界设定为500毫米才是恰当的。

· 年降水量1000毫米以上的湿润萨瓦纳和热带雨林

在西非地区，年降水量可达到1200毫米，全年有半年的雨季和旱季。如果降水量超过1200毫米的话，雨季也会延长至六个月以上。西非的自然植被是疏林密度增加的森林状态。当地采采蝇的肆意生长，使家畜的饲养变得尤为困难。强降水加重了水土的流失，土壤是通红的黏土质[1]。农耕方面，萨瓦纳地带的耕作极其困难，薯蓣、马尼奥克、玛咖、香蕉等栽植农业盛行。当地也会种植谷物，主要的出产物是起源自新大陆的玉米。

这个基准只对应热带的非洲，到了冷温带地区，降水的蒸发量稀少，区分"半干旱地域"和"湿润地域"的降水值更低。在冷温带，年降水量1000毫米是"半干旱地域"和"湿润地域"的降水量范围。

"湿润地域"的生态环境，准确来讲，必须分为三种区域类型：①年降水量1500毫米以下的地区。②年降水量超过1500毫米的，雨季和旱季各有两次的几内亚－萨瓦纳地区。③全年降水的热带雨林地区。在热带雨林地区，推行农业是困难的，在森林里采集狩猎更为普遍。然而到了现代，在殖民地经济的影响下，油棕、香蕉、菠萝、可可豆等热带种植园型农业在各地大规模展开。

不过，这一地区凡是降水量达到1000毫米的都归类于"湿润地域"。

·占据欧亚非大陆多半的干旱地域

年降水量未达到500毫米的干旱地域，实际上占据了全球的大部分面积。在澳大利亚，90%的面积是沙漠。在欧亚非旧大陆的中部，年降水量500毫米以下的干旱地域大面积横跨。我们试着将欧亚非内陆中央想象为一个由西南向东北延伸的巨大椭圆形地域，参考世界地图，可以知道欧亚非大陆中央几乎全是干旱地域。我将它命名为"欧亚非内陆干旱地域"。在欧亚非内陆干旱地域中，也可以将年降水量在500—1000毫米的半干旱地域划分到热带地域。在热带地区，降水量从500毫米到1000毫米的地区以短距离渐变。因为年降水量1000毫米的地区几乎与年降水量500毫米的地区接壤。

在欧亚非旧大陆，年降水量1000毫米以上的森林湿润地域只位于大陆边缘带的三个区域，既东南部的亚洲季风地区、西北部的欧洲以及非洲赤道周边的热带雨林地区。

在欧洲内陆，年降水量1000毫米以下的半干旱地域的范围比较广。在低蒸发量的寒冷地区，即使降水稀少，但是由于湿度较高，这一带恰恰是森林广阔覆盖的湿润地域。只要稍微考量一下在欧洲形成的畜牧文化和近代文明，不难发现其根由是降水量的稀少，在这里我们只是简单谈及。

在日本，年降水量2000毫米以上的地区分布广阔，甚至有些地方年降水量达到3000毫米，而年降水量1000毫米在日本算是低降水量，只有濑户内海地区和长野的松本盆地位于低降水区域，因此，将1000毫米的等降水量线看作是湿润地域的下限对于日本人来说也许难以接受。哪怕是把范围扩大到全球，日本的降水量几乎等于世界上的热带雨林区。在中国，长江的位置处于1000毫米等降水量线。作为日本的邻国，中国的长江以北的辽阔国土都属于干旱半干旱地域。

· 干旱地域的分布结构

干旱地域在欧亚非大陆以外的大陆依旧广阔分布，而无论是在哪一片大陆，干旱地域的分布都是从大陆线的南北回归线一带的中纬度高压带开始，向着东部的高纬度地带延伸。

依照前文的分布规则，世界上的干旱地域共有五处。欧亚非大陆的南北部各一处及美洲大陆的南北部各一处，南半球的澳洲大陆有一处。

分布在欧亚非大陆的是欧亚非内陆干旱地域，分布在美洲大陆的是南部的以卡拉哈里沙漠为中心的干旱地域。

美洲大陆的干旱地域分为北美干旱地域和南美干旱地域。分布在北美的干旱地域，其范围从美国和墨西哥的国境开始跨过内华达沙漠所在地落基山脉，一直延展到美国中西部的大平原和草原。北美干旱半干旱地域的面积达到全北美面积的一半。在南美，干旱半干旱地域从太平洋沿岸的秘鲁、智利开始越过安第斯山脉，又延展到玻利维亚和阿根廷。阿塔卡玛沙漠和里亚诺、坎普等草原群落就位于南美的干旱地域。

澳洲大陆的中部有南北回归线穿过，因此，整片大陆几乎都是干旱地域（表3-1）。

表 3-1　世界干旱地域的文化差异

干旱地域			家畜文化	农耕文化	干旱地域河流文化
旧大陆	欧亚非大陆	欧亚	◎	◎	◎
		撒哈拉南边缘	○	◎	○
	撒哈拉以南非洲	纳米布－卡拉哈里	△	△	△
新大陆		北美洲	×	○	×
		南美洲	△	○	△
		澳大利亚	×	×	×

◎显著发展　○发展　△少量存在　×不存在

· 世界干旱地域文化的多样性

　　那么，在干旱地域，人们是如何生活，又如何延续至今的呢？

　　这个问题并不好回答，原因是干旱地域的自然环境、农业、畜牧业皆呈现多样性。在欧亚非内陆干旱地域，虽尤以农业、畜牧业最为发达，而在澳洲大陆的干旱地域，居然没有农业和畜牧；在北美大陆，农业的发展范围也是极其有限。在中南美，围绕阿兹特克文明的繁荣地美索美洲和印加帝国的繁荣地安第斯山脉，形成了独特的农耕文明，驼羊、羊驼等小规模的畜牧业也出现过。

　　论到干旱地域的生产力和居民生活，对干旱地域河流及河流冲积平原的利用至关重要，那么这些资源具体是怎样被利用的呢？这一点也因地域而异（表3-1）。特别是在欧亚非内陆干旱地域，农业的发展非常显著。以孕育出四大灌溉文明的尼罗河、底格里斯河和幼发拉底河、印度河、黄河为首，许多干旱地域河流分布于旧大陆，其原因是欧亚非大陆中央有阿尔卑斯、喜马拉雅造山带横跨，许多河流从这两大造山带出发，流向周围的干旱地域。

依据这样的地理特征，在欧亚非大陆形成了畜牧文化、农耕文化、干旱地域河流文化，三种文化欣欣向荣、繁荣兴旺。接下来，我们一边关注欧亚非大陆，一边考量干旱地域的文化特性。

三　草原地区形成的狩猎文化和畜牧文化

· 维持草原居民生活的狩猎文化

若是从动物类别来考察的话，地球上最大的干旱地域——欧亚非内陆干旱地域便是食草有蹄类动物的宝库。畜牧的主要动物是骆驼、马、牛、山羊、绵羊等五畜再加上驴，这些动物在欧亚非内陆干旱地域都被驯化成了家畜，这也意味着这些动物的野生种类曾在这片土地生存。骆驼和马、牛的祖先类型过去在森林覆盖的北美大陆还可见到，后来全部灭绝，而迁徙至欧亚非大陆的动物种类在适应了草原环境后成了五畜和驴的祖先类型。

美洲大陆的草原上最早的双足步行类灵长动物能适应草原环境并在其上繁衍的原因，可能与草原上栖息着种类繁多的食草性哺乳动物有关。草原上最主要的植物是稻科植物和豆科植物，此类植物的纤维素含量丰富，特别是柔韧的稻科植物还含有二氧化硅粒子，所以极难消化。然而食草性动物因具备反刍和肠内发酵的功能，于是可以顺利地消化稻科植物。人类也因此发现了可猎获的对象。不过，食草动物中的家畜原生种类首次出现，其年代大约在200万年前。这一点也关系到人类的起源，是下一章要说明的问题。人类靠长期的狩猎生活繁衍至今，具体的狩猎方式随不同的环境而有差别。猿人阶段的人类杂食性显著，甚至出现过食草性人类。随着同种属的诞生，人类开始持续食肉，懂得狩猎的人类一直延续至现代。

现在，干旱地域的草原已开发殆尽，在干旱地域几乎难以见到野生动物，不过若是从历史的角度来看，狩猎文化的发达地带正是欧亚非内陆干旱地域的草原。通过中东遗迹的浮雕和绘画，我们可以了解到欧亚非干旱地域的狩猎大型野兽的丰裕的狩猎文化在不久前尚有残存，遗迹的许多岩石上还刻有骑马的士兵与狮子战斗的场景，好像是人类在和狮子争夺草原霸主的地位。在拉斯科岩洞等欧洲旧石器遗迹中，许多精美的绘画上描绘着野牛和家牛的原生种原牛（aurochs）等狩猎动物，遗迹区还残留了许多野生动物的遗骸。旧石器时代的欧洲北边是冰河，南部有沙漠逼近，南北间的草原上曾经似乎有许多野生哺乳动物栖息[2]。

· 畜牧文化

大约8000年前起，在食草动物大量繁殖的前提下，畜牧文化在欧亚非内陆干旱地域开始发足。当牛、马、骆驼、绵羊、山羊等食草动物和一些群居有蹄的动物被驯化为成群的家畜时，畜牧业诞生了。这些食草动物随着旱季雨季交替循环的草地的水草而游走繁衍。据今西锦司称，成群结队的食草动物游走在前，狩猎民追随在其后并着手管理全部畜群，畜牧业就是这样形成的（今西，1995）。其实，在撒哈拉地域就有反映畜牧与狩猎共存的岩画。

有一种关于畜牧业起源的说法认为农耕文明的形成是畜牧文明形成的第一要因[3]。这个假说以考古学研究的实证为基础，把绵羊和山羊类小型动物的家畜化过程当作重要依据。考古学是一门研究遗迹的学问。农民的定住遗迹是容易保留下来的，在论述关于以小型家畜为中心的畜牧业的起源的方法上存在一定局限性，因为只靠饲养小型家畜来维持生计的牧民数量毕竟稀少。小型家畜在现今的农耕生活中也常常只是附属家畜。畜牧文化的重点饲养对象是牛、骆驼、马等大型家畜。饲养大型家畜的牧民可以脱离农耕生活达到独立。畜牧民虽然也会饲养小型家畜，但只是为了弥补大型家畜不具备的用途。有人认为畜牧业离开农耕业便难以成立，畜牧业从属于农耕文明成立以前的采集狩猎生活。若是如此，倒不如说畜牧业是为了维持采集狩猎而形成的。实际上，现代的畜牧业依然伴随着采集狩猎。撒哈拉地域留下的岩画里就有畜牧民挨着家畜的绘画，还有许多描绘狩猎的画作。也许狩猎民为了捕获猎物，把有关食草动物动向的详细知识和经验都寄寓到驯化的家畜身上了吧。只是过着游牧生活的畜牧民的遗迹鲜有存留。我们只能认为畜牧从属于农耕的论点过分偏向考古学。

　　无论怎么讲，畜牧文化和狩猎文化都是因食草动物在干旱地域的密集分布才产生和发展的。然而，从历史的角度可以发现，畜牧文化能充分发展的地理位置就是横跨欧亚非大陆的世界最大内陆干旱地域。大约8000年前，牛、山羊、绵羊被驯化为家禽，大约6500年前，马和驴被驯化为家禽。

　　现在，新大陆的畜牧业在世界上处于领先地位，这是由欧洲人的移居引起的。之前的新大陆，只有南美安第斯山中的小范围地区出现过类似的家畜文化。这些地区只是小规模地驯化了羊驼与大羊驼。而在澳大利亚大陆，可作狩猎对象的食草性哺乳动物几乎不存在。

　　即使是非洲大陆，在南半球的卡拉哈里－纳米布沙漠周边地区很晚才形成家畜文化。这一带的牛是随着班图族的迁徙而引进的，骆驼和马也是随着欧洲人的迁入而引进的。撒哈拉的周边，饲养骆驼在非洲普及的历史已经有四个世纪之久，而养牛业的迅猛发展是在13世纪后期。若要考虑畜牧文化的发展，必须考虑畜牧文化的空间性扩展和历史性变动。不过，欧亚非内陆干旱地域是畜牧文化的诞生－开展地这一点是毋庸置疑的。

· 不适合畜牧的湿润森林地带

　　湿润的森林地带，不适合食草动物栖息以及家畜的饲养。在中南美和非洲的热带雨林区，甚至连饲养杂食性的猪都困难。在森林地带，可作食草动物饲料的禾本科植物稀缺，随着湿度的增大，动物和家畜的天敌——寄生虫等病原体也肆意滋生。再者，更严重的是湿润森林地域天然缺少盐分。家畜和人类同样需要摄取定量的盐分，盐分稀缺对于畜牧业来说是致命的打击。牧民是否选择移入湿润地域，取决于能否在高盐度的湖泊、泉、岩盐地等地带发现盐分。对于野生动物来说，盐分同样是必要的，在不含天然盐分的地带，罕见野生动物的足迹[4]。

在非洲，至18世纪，牛和绵羊、马等家畜的饲养，除去一少部分，大多只存在于年降水量500—600毫米以下的干旱地域。与之相比，在湿润地域，疏林广泛分布。而且，能给家畜传染睡眠病的寄生虫——采采蝇也大量生存在热带。之后，人们开始采伐疏林，疏林的萨瓦纳化使畜牧业的推行变得可能。现在，哪怕是年降水量1500毫米以上的地区也能放牧，这也导致用作驱除采采蝇等寄生虫的杀虫剂和给家畜注射的防疫针等物品变得不可或缺。跨越国境并来回穿梭的畜牧民大多没有国籍，此事项让非洲入国管理局的官员甚为头痛。然而，就算没有证明身份的证书，牧民们仍旧可以通行于诸多地区。不过话说回来，若是没有给家畜注射过防疫针的凭证的话，那可是要受到严格处罚。

· 孕育家畜文化的欧洲森林——从林间放牧到牧场

在湿润的森林地带，有可供饲养食草性家畜的区域，那就是包含欧洲和日本在内的亚洲–季风带。

欧洲自古以来都有饲养猪、牛、马、山羊、绵羊等家畜的历史。在北欧和俄罗斯还有饲养驯鹿的畜牧业。饲养家畜以林间放牧为核心，这是由于欧洲的植株以落叶树为主，每至秋冬，树木的叶子就会脱落，森林就变成了家畜极易通行的开放空间。兼之，落叶树也能为家畜结出可供食用的果实。在寒冷的欧洲，根本见不到像热带湿润地域的那种能传染给家畜疫病的病原体。

欧洲的家畜饲养渊源已久，养牛的历史大约在公元前5000年前就开始了，绵羊的饲养开始于公元前5000—4000年前，马的饲养开始于公元前2000年（克拉通·布洛克，1997）。到了公元前1500年左右，广泛活动于欧洲中部的凯尔特人以养猪为主兼而饲养牛和马，这一种族推动了家畜饲养文化的发展，并以此广为人知。日耳曼畜牧民迁徙至西欧并定居森林后，进一步推动了饲养牛和马的家畜文化的发展。骑士文化也是来自畜牧文化。而诺曼人，则是对酪农文化的发展发挥了至关重要的作用。墨西哥湾的暖流为大西洋沿岸的丹麦、荷兰、比利时、英国、法国的诺曼底等地区带去了充足的热能与湿气，诺曼人开拓的地域成了欧洲酪农文化的中心地带。产于荷斯坦和泽西岛的奶牛品种就来自诺曼文化。法国最具代表性的芝士品牌——卡曼贝尔是诺曼人大量迁入的诺曼底地区的特产。

进入现当代的欧洲，在牧场形式的基础上形成了大规模的家畜饲养业。传统的家畜饲养依然是林间放牧，森林内的家畜放牧是欧洲主要的畜牧业。欧洲的风景画中，经常有描绘奶牛在林间泉边停歇的场景，不过，林间放牧的主要家畜是猪，因为在欧洲的森林里，结橡果的橡树、七叶树、榛子树等落叶乔木数量居多，这些乔木的果实是优良的猪饲料。到了结果实的季节，农民会把猪群赶进森林，然后把带果实的树枝砍下来喂猪。入冬后，牧民们会屠宰许多猪，再用盐把猪肉腌制，抑或是加工成火腿肠，这就是普通居民的日常事物。

吃草的牛一旦吃上橡木果实类就会肚子痛。传统的林间放牧也会饲养牛，从开始饲养的一只慢慢地变成一群。牧场是进入现代以来形成的一种家畜饲养方式。所谓的牧场，就是离开森林，把岩石和碎石清除干净并修整成平地，然后在上面修筑排水道，再栽上牧草，其中每个环节都要耗费足够的精力和金钱，如此才能修成一个合宜的牧场[5]。

例如，遗留着凯尔特文化的法国的布列塔尼和诺曼底同样为饲养猪的饲养文化地区。到了20世纪的前半叶，农民在务农的同时还要在田野饲养少量的牛。因此，在布列塔尼，家畜的棚圈与日本岩手县的棚圈样式相似，当地人将棚圈建在屋舍旁边，过着与家畜相依共存的生活。在一本详细记录19世纪期间布列塔尼的旅行传记中，多处描写了人畜相依这种令人惊讶的生活方式。布列塔尼的牛不像诺曼底那种专门生产牛奶的荷斯坦乳牛，这里的牛乳不会加工成乳酪，而是加工成了大量的黄油。

19世纪中期，欧洲各地区持续推行牧场化的近代家畜饲养政策，各地区开始流行饲养诺曼底产的牛，不过，那是一件极复杂的事情。在布列塔尼，个体小规模经营的农家特别多，想获得扩大牧场的必要土地尤为艰难。兼之，布列塔尼位于古老的蜿蜒山地，处处显露的是巨石块和圆石块形成的地面，清理这些石块困难重重。虽然如今的布列塔尼是欧洲的黄油生产地之一，但布列塔尼的牧业一直是靠种植大量的玉米、燕麦以及大麦等饲料作物来维持的。

　　畜牧业,就是在食草－群居有蹄类动物尚未成为私有物的土地上,推行以私有制为基础的牧场型家畜饲养业,并把定居的家畜称作"畜产"(福井,1987),牧场型家畜饲养既是畜产。欧洲人从中世纪开始,因森林环境来开垦土地,以此增加牧草地和田地的面积。靠开垦森林来施行的牧场型畜牧,还需要栽培家畜饲料和牧草。地处森林地带的欧洲,能供给家畜做饲料的牧草在自然环境中并不十分充足。牧场型畜牧必须适应湿润森林地带的生态条件来饲养牲畜。

· 新大陆的畜产文化

　　发祥于欧洲的牧场型畜产文化,随后传到了其他地域。在新大陆,面积数百公顷的空旷土地都可私有化的牧场型畜产文化甚为发达。这导致新大陆的干旱地域成为世界畜产的中心。

　　不过,这也意味着新大陆是从人口稀少的土著居民手中掠夺来的土地。以荷兰人为首的欧洲人大量移居到非洲大陆南部的干旱地域后,创造了规模巨大的畜产文化。这种文化常见于当今南非共和国与津巴布韦(旧罗德西亚)等地区,是基于夺取土著民土地和实行人种差别制度形成的畜产文化。甚至在欧洲,牧场的形成竟起源于16—18世纪英国人推行的圈地运动,就是资本家和贵族把农民生活所需的森林和土地暴力夺走,圈起强占的土地,建成饲养绵羊和牛的私有制大牧场。该运动对土著民的影响是后者只能被无情地赶走。

牧场型畜产是全世界近代家畜饲养业的核心。这种文化起源于特殊的生态环境和特殊的社会历史环境。对于这种特殊的家畜饲养形态，所有人应有深刻的认识。

· 亚洲季风地区特有的家畜文化

东南亚是家畜饲养的独特区域。

地处季风带的亚洲地区，素有饲养水牛、猪、象等动物的传统。在泰国和印度，连象骑兵都有。象骑兵曾使攻入印度的亚历山大大军甚为震惊。在与东南亚接壤的地处中国南部山地的云南，马和驴以及牦牛等动物被当作驮畜饲养。从热带非洲的视角观看东南亚的畜牧文化，便会好奇其内容的丰富性。然而，牧场型畜产在东南亚却并不发达。

日本，从古坟时代起就开始养殖马和牛，这是湿润森林地域鲜有的家畜文化。其原因大概是由于日本森林的多数植株属于寒冷气候型的落叶树木。据江上波夫的"日本皇室骑马民族起源说"所称，马这种动物，在日本的国家形成以及之后的政治历史中，在军事－政治方面发挥过重要的作用。然而，马和牛在日本虽以驮运货物和军事手段被役使，但它们不是肉类和乳类产品的产源。尽管日本有饲养军马的牧场，但是没有形成牧场型家畜饲养方式（我的家乡甲州市，历来是名马的产地，在各地都能见到汉字"牧"）。

四　干旱地域和发展种子作物农业的地域

· 萨瓦纳农耕文化和地中海农耕文化

农耕是什么呢？

这里要强调一下，干旱地域是农业生产的宝库。

旱地农业以利用禾本作物和豆科作物种子的谷类农业为特征。

根据中尾佐助的观点，世界上植物栽培的起源地有四处（中尾，1966）。

①萨瓦纳农耕文化

②地中海农耕文化

③东南亚根栽农耕文化

④新大陆农耕文化

有关植物栽培之起源的研究，越到后来越全面。尤其是中尾提出的萨瓦纳农耕文化，被分为塞内加尔农耕文化复合、萨赫尔苏丹农耕文化复合、东非农耕文化复合、印度农耕文化复合、东北亚农耕文化复合等五种类型（玖村，1988）。不过有关植物栽培之起源的整体框架并没有遭到否定。

以上四种农耕文化类型中，萨瓦纳农耕文化和地中海农耕文化是在欧亚非内陆干旱地域的南北两端形成的以种子作物为中心的干旱半干旱地域农耕文化。大体上东西延伸的欧亚非干旱地域的低纬度带——热带亚热带地区，属于夏雨型萨瓦纳气候，而高纬度带的寒温带地区，明显属于地中海气候。基于这两种气候类型，诞生了两种农耕文化。

夏季降雨的萨瓦纳，农业的主要作物是高粱、唐人稗（Pennisetumglaucum）等黍类作物以及大豆、豇豆等豆类作物。在夏雨型萨瓦纳气候带，作为主要作物的黍类和豆类作物的播种时间段在春天至初夏，靠着夏天充足的雨水和热量，种子迅速生长，到了秋天便是收获期。所以夏天的萨瓦纳，大地上一片绿意，而到了冬天，田地的植被全部枯萎。

到了冬季降雨的地中海，农耕文化的主要作物是麦类和豌豆等豆类作物。在冬雨型气候区，作为主要谷类作物的小麦在秋天结束后的10月左右播种，种子借着冬雨的滋润生长，翌年夏天收割。所以，即使是仲冬季节，大地依旧绿意盎然。地中海的夏天，更像是凡·高的《麦田》中所描绘的场景，正值收割的季节，金黄色的谷物在田野里闪耀，禾苗渐渐凋敝。

世界上谷类作物的第二大起源地在欧亚非内陆干旱地域。

中南美的新大陆农耕文化中，对于种子植物的栽种是非常成功的。谷物的代表是玉米，豆类作物的代表是落花生。只不过，南非的干旱地域和澳大利亚的干旱地域并不是农作物的发祥地。

大麦、玉米类以外的主要禾本作物是水稻。无论是干旱地域还是湿润地域都可以栽种水稻。水稻品种有起源于亚洲-季风地域的粳稻（Oryza sativa），也有起源于非洲的光身稻（Oryza glaberrima）米种。其中光身稻在西非的塞内加尔内陆三角洲和几内亚高原广泛栽种。

我们都知道干旱气候不利于农业的发展，种子作物可以适应全年分旱雨两季的干旱气候。在干旱地域，每至旱季便水量不足，由此导致植物缺水枯死。然而种子植物长大结出的种子会在翌年夏天发芽。谷类农业正是利用种子植物这一特性，把植物应对旱季结出的用以储存养分的种子作为食物，这就是谷物农业的实质。谷物和豆类作物的种子特点是营养价值极高且水分含量小，颇便于储存。此外，谷物种子的重量小，搬运起来甚是简易。干旱地域除种子作物以外，还有葡萄、橘子、无花果、椰枣等含糖量高且多汁水的水果，还有蜜瓜、西瓜等水果。

· 绒毯般的草原和灌木丛生的萨瓦纳草原

萨瓦纳气候区和地中海气候区生长的自然植被非常对称。在萨瓦纳的冬雨型干旱地域，简直是举目不见树木的草原，草原向四方延伸。而夏雨型干旱地域，即使在接壤沙漠的地带，也有灌木和乔木密集生长的疏林地带（林区）。

夏雨型干旱地域的植物景观一般被叫作萨瓦纳，不像绒毯铺成的草原，而是灌木杂乱又密集的原野。我在撒哈拉南部的萨瓦纳地区调研时，脑海中构想出了萨瓦纳的植物景观演变图："萨瓦纳—草原（平原）—沙漠"。到了草原，虽然已经最接近沙漠，但是无论哪里都有一人来高的灌木横生，令我感到惊讶。不知不觉间，骆驼映入眼帘，它们正在吃灌木上的枝叶。我觉得骆驼的体型高大，脖子细长，是为够得着灌木的枝叶吧（图3−1）。

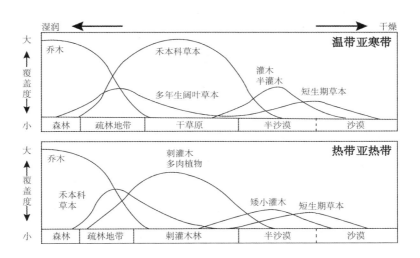

图3−1　对应气候干湿度梯度的主要生活形态分布和植被带划分

　　广阔无边、如绿绒毯般的草原，分布在中亚和蒙古等高纬度干旱地域。撒哈拉沙漠的北侧边缘地带，也能看到类似的阶梯状草原景观。

　　生长在沙漠南北两侧的植物，为什么会有不同的特性？这个问题我会按照增沢武弘博士的理论来解释，他专门研究极端环境下的植物。在夏季降水的低纬度地带，虽然有充足的降水，但是高温会加大增发量，地表难以储存水分。因此地表的植物并不茂盛，不过部分水分会渗透到地下，灌木类树木的生长需要向下深深扎根来汲取地下水。此外，在冬雨型气候的高纬度地域，降雨集中在寒冷的冬季，低气温会减少蒸发量，就算雨量少，靠近地表的土壤依然能很好地储存水分。与之相对的夏雨型地域，在年降水量200毫米以下的沙漠景观，青草生长旺盛。而树木在草原扎根和生长是艰难的，所以草原看上去就像高尔夫球场。寒冷的蒙古干旱地域之所以也被草原覆盖，也是同样的原因，而细细观察树木的根部时，发现它们没能深深钻入土中。因此，绿毯般的草原随着草场退化很快就变为沙漠。蒙古的畜牧民忌讳把铁锹伸入土中，他们反对试图把草原开发成田地的农民，原因是他们非常了解长在冬雨型气候下的植物的脆弱性。

关于生长在干旱地域的高纬度地区和低纬度地区的植物的不同点，可参考吉良龙夫制作的对比图（吉良，2001）。温带亚寒带的植被迁移顺序是"沙漠—半沙漠—稻科草本为主的层级类别"。热带亚热带的植物迁移顺序是"沙漠—半沙漠—带刺矮树类的多肉植物为主的灌木林"。我非常熟悉"带刺矮树类"，它们生长在撒哈拉南部，是禾本科灌木。然而，吉良是按照"温带—亚寒带"植被与"热带—亚热带"植被的不同点来论述的。但准确来讲，分为"冬雨型气候地域的植被"和"夏雨型气候地域的植被"才更恰当。因为撒哈拉北部亚热带干旱地域的植被迁移和吉良提出的"温带—亚寒带"的植被迁移相符合。

这种自然植被的不同点，在田园风景画里经常能看到。作为地中海农耕作物的代表，大麦类作物属于低秆草本类中的矮秆作物，从初冬到酷夏，地中海地区的田地里长着密密麻麻的大麦，就像是绘画里的长毛绒毯。与大麦类作物相比，非洲和印度种植的玉米，秸秆有一人多高，属于长秆谷物类，其根部深深钻入土壤里，高高的秸秆有一种竹竿的既视感，又粗又硬，非常结实。由于玉米秸秆的强韧性，故经常被当作尖顶泥墙屋子的梁木来使用，还能用作烹饪时锅下燃烧的柴火。玉米的种植方法是在保持秆距的同时成行种植，在秸秆的行间要进行中耕，中耕时留下的沟洫可用来储蓄降水，玉米的根部向下生长时可以很好地汲取其中的水分。这种耕作方法里包含着智慧。

· 家畜和植物的相互依存——山羊是植物的破坏者还是植树造林者?

　　这里要提出的是夏雨型干旱地域的植被和家畜的特殊关系。在适宜于灌木类生长的撒哈拉南部的夏雨型干旱地域，分布着能适应树类植物的外形、脖子细长到能够着树叶的骆驼和上树啃食树叶的山羊。食草动物专以禾本植物为食，可分为啃食枝叶的食草类和以树木嫩芽为食的食草类，而骆驼和山羊既属于前者，又属于后者。

　　这种共生关系因沙漠化而产生了误区。

　　每当看到山羊爬上草场退化的土地啃食残留的树木时，总让人联想到过去这里是树木葱郁的草地。随着沙漠化的持续，草场退化露出地面。最后的树木被山羊啃食殆尽，树木们好像在诉说自己枯萎的日子已近。

　　然而，干旱地域的动物和植物有种深厚的共生关系。例如，干旱地域的树木种子直接种在地里并不会生根发芽。而被山羊等家畜吃掉的种子，通过动物的肠道排泄出以后就会生根发芽。被家畜吃掉的种子，在家畜四处留下的粪便中发芽生长。甚至可以说山羊是绿化沙漠的动物。因此，非洲的居民不栽种树木。只有人工造林时，才会播种用药物刺激过的种子。

骆驼也啃食树木的枝叶，当我近距离观察树枝时，感到非常惊讶，因为树枝上长满了密密麻麻的长度五至六厘米的尖刺。为了拍摄尖刺，我本打算剪下几根树枝，但是差点刺到手指，靠近树枝实在是危险。

骆驼怎么把刺吃进去的呢？

关于骆驼是否会连刺一起吃进去，我咨询了当地的调查助手，得知骆驼的进食方法会根据季节分成三个阶段。雨季初期的树叶娇嫩，这时骆驼只吃柔软的嫩叶；随着雨季的推进，叶子和树枝成长到第二阶段，这时骆驼会连树叶带树枝一起吃进去；等到了旱季，叶子脱落只留下尖刺的树枝就是骆驼的食物。骆驼用它细长柔软的舌头把长刺横着卷进嘴里，然后再嚼碎下咽。

在沙漠地区，放眼观望长着密集枝叶的树木，那些密集的枝叶好像是专门为骆驼预备的食物一般茂盛地生长着。对于树木来说，被骆驼啃食相当于被修剪枝叶——我只能这么认为了。沙漠绿化难道就能成为放养家畜的理想绿地吗？并不是。因为只有植物和动物相互依存，才能造就那个地区特有的植被环境和动物区系。

· 湿润森林文化地域是块状根农耕文化的起源地

全年降雨的湿润森林地域种植最多的植物是木薯、香蕉、芋

头、地瓜、马铃薯等块状根作物。此类作物出自把植物的根茎种
在土壤里的农耕文化。茎部可以提取砂糖的甘蔗也是热带湿润
地域常见的作物。块状根植物也结种子，但通常它的营养储存在
茎部和根部，再从茎部和根部生芽。块状根农业以收获块状根植
物的营养储存器官茎和根为主要生产方式。块状根植物的产量虽
大，但除香蕉以外，大多数作物的养分里淀粉偏多，弊端是难以
保存和运输。

在湿润的森林地区，除去稻作农业，其他的种子农业都不发
达。因为植物没有为应对旱季结种子的必要，而到了收获期，植
物结出的种子容易遭到雨季的破坏。在非洲，年降水量一旦超过
1000毫米，块状根作物的产量就会低到谷类作物的产量，抑或更
低。欧洲也是，在收获期降雨频仍的大西洋西岸，只要在收割大
麦的时节有雨水，新闻就会大肆报道"今年要歉收啦"。

块状根作物的规模化栽种早于种子作物，大约开始于一万年
前。它的发源地在东南亚和中南美洲。发源于东南亚并规模化栽
种的有薯蓣和甘蔗。发源于中南美并大量栽种的有马铃薯、木薯
以及红薯。

欧洲和非洲作为湿润地域，没有种植块状根作物的传统。在
非洲，种植薯蓣和香蕉由来久远，但是被认为源自东南亚。这样
说来，无论是非洲还是欧洲，都是先从其他地域引进块状根作
物，进而发展当地的农业。

非洲从东南亚引进了薯蓣和香蕉以及甘蔗，从新大陆引进
了木薯和红薯。寒冷的欧洲从新大陆引进了马铃薯。马铃薯在18

世纪以后迅速传遍西欧，连非块状根植物的玉米和西红柿也被广泛引入欧洲。这类作物带来了欧洲近代的农业革命。原因是在欧洲大西洋沿岸的英国、爱尔兰、法国的诺曼底和布列特尼以及德国等降雨频繁的地域，不适合种植小麦这种欧洲人视作主食的作物。这些地区引进马铃薯和玉米以后，粮食产量骤增。与其说玉米是人的粮食，倒不如说它更适合用来喂家畜，玉米为欧洲家畜的饲养贡献巨大。如前所述，近代的欧洲因种植家畜饲料，促进了乳酪农业和牧场型畜牧业的兴盛，其基础是豆科牧草三叶草的普及和玉米的大规模栽种。

五　灌溉文化的文明形成力

· 魏特夫的治水文明论

这里开始进入正题，探讨文明的形成。

所谓文明，其形成不能单靠农耕和畜牧以及渔业等第一产业。第一，文明由工艺界和商业界、职业化的圣职组织转变成的宗教团体、从事文字文化工作的文化人和思想家、王侯贵胄等政治主导者、艺术家、第二和第三产业的各界职工及其集团共同组成，是文化的社会。这种社会具有阶级性，也具备多民族多部族共生的世界主义城市－国家制度，我把这种综合型阶级文化称作文明。

论述文明，必须谈埃及的尼罗河流域、美索不达米亚的底格里斯河和幼发拉底河流域、印度河流域、黄河流域发展起来的灌溉文明。这些大河都是旱地河流，河流蓄水量随季节不同有明显的变化，到了汛期，河槽向四周拓展形成冲积平原。因此，这些旱地河流经过的干旱地域会致力于治水灌溉，利用河流的涨水和泛滥发展灌溉型农业。庞大的农业生产能养活大量的人口，由此形成了人类历史中首个能称为文明的城市或国家。罗马治下的埃及，人口有700万。美索不达米亚的巴比伦时期，人口在1500万到2000万间。中国汉朝的长安及其周边地区，人口在150万到200万间（中岛，1977）。

　　卡尔·A.魏特夫在其著作《东方专制主义》（*Oriental Despotism*，1957）中对四大古代文明形成的根源——治水-灌溉文明有过全新的论述，曾引起学界的重视。魏特夫称四大文明为治水文明（Hydraulic Civilization），将视点集中在四大河流的治理-灌溉对古代文明的形成所起的作用上。在治理和灌溉四大河流方面，必定伴随着巨大的土木工程，导致集结和管理劳动力、水利设施的统一管理等事项成为必要因素，由此诞生"东方专制主义"，这是魏特夫的观点。他受黑格尔和马克思的启发，再次提出除皇帝以外其他民众皆为奴隶的东方主义观点（亚洲）。

　　"东方专制主义"是基于对"治水文明"这一具体的政治经济结构所做的分析，又以此而提出的可供批判的比较研究理论，因此魏特夫的贡献是巨大的。不过魏特夫的治水文明论显示出论者对四大河流文明的理解过于单一化。四大河流的治水-灌溉体系是多样的，其体系是否与《东方专制主义》所提的体系相同还有待商榷。本来，试图以四大河流文明论来论述"东方专制主义"之动机就体现出作者对浩瀚"东方"的理解过于片面，因为现实中的东方包含中国、东南亚、印度、中东，其版图占欧亚大陆一半以上。日本也是东方的一部分。

所谓的"东方专制主义"，是黑格尔和马克思都曾提到过的东方，也就是自19世纪以来西方世界对东方世界的放大化理解所产生的新概念。仅此一点，我们对这种片面的理解就应当慎重对待，专门研究中国历史的魏特夫将辽、金、元、清等异族王朝看作"征服王朝"来论述和研究，他一味强调东方（亚洲）是专制主义世界，这似乎是他不可动摇的意图。

本书中"东方专制主义"的观点，沿袭了针对四大河流文明进行比较研究的中岛健一在《河流文明的生态史观》中提出的观点，他这本著作发表已有三十多年。在我受魏特夫东方专制主义理论的影响、错误地理解了"东方"这一概念的情况下，《河流文明的生态史观》详细地向我介绍了四大河流文明的基础——灌溉系统，这本著作对我所认知的"东方"观点带有一定的批判性。而且直至现在，综合地对四大河流文明的灌溉系统进行比较研究仍颇有价值。

· 四大河流灌溉文明的比较

中岛的研究重点是他提出在河谷地形中，尼罗河与其他三条河流有极大的差异。因此，四大河流的水文环境大为不同，治水－灌排水系统也同样有区别，这是中岛的研究所强调的部分。

尼罗河的河谷断面为凹陷型，说明尼罗河亚沿河道流经低河谷。到了枯水期，河水流向河谷的中央，丰水期的水位比枯水期高出六到九米，但是河水不会从河谷流散至四周。灌溉就是利用丰水期的河水，在河谷内部进行的工程。尼罗河注入地中海的河口处虽形成三角洲，河谷也变得更宽，但是水位上升的中上游带的河水不会向外流溢，这对灌溉来讲是理想的水文环境。

另一方面，由于另外三条河流的河谷断面呈凸起型，河流随地势形成了高海拔的地上河，时常会泛滥。这三条河流，即使在水位上升的丰水期，水位也低于尼罗河，因为丰水期的底格里斯－幼发拉底河的水位高5米，印度河的水位高度是4—5米，黄河的水位高度是4—7米。不过，由于是地上河的缘故，到了丰水期就会暴发洪水，向周围泛滥，由此形成了广阔的泛滥平原。

尤其是黄河，丰水期的水量是枯水期的16倍以上，湍急的水流坡度明显地高出其他河流，因此，泛滥的黄河非常恐怖。现在，黄河最终注入山东半岛北侧的渤海。过去则是在靠近山东半岛的地带向南北分流，从南北两侧流入渤海。山东半岛呈岛状分布。黄河的水流有时候会流至扬子江。现在，黄河的上游采取大规模的取水灌溉措施。因此，水量的减少会导致下游出现断水情况。古代的黄河会暴发大面积泛滥。

三大河流成为地上河的原因是从上游开始有大量泥沙混入河中并随河流一起流淌。尼罗河的含沙量每立方米才2千克，而黄河的含沙量平均每立方米就有10—20千克，下游的含沙量更是高达每立方米37千克。到了泛滥期，黄河的泥沙含量则会增加到每立方米651千克。底格里斯－幼发拉底河的泥沙量虽然比不上黄河，但也相当于尼罗河的4倍。印度河的泥沙含量是尼罗河的2.5倍。

如此，三大河流的河床在历史上不断上升，河口扩大形成了冲积平原，每年四次丰水期的黄河，一年的排沙量在14亿至16亿吨。即便是在1960年至1970年，黄河的河口每年都会朝大海延伸1.8千米，每10年就会制造土地458平方千米。公元前3000年的底格里斯-幼发拉底河的河口在乌尔、阿玛拉附近，位于离现在河口200千米远的上游地带。底格里斯河和幼发拉底河不断地南下填埋，波斯湾遂流至如今的地带。此外，科威特的国土在古代甚至是不存在的（表3-2）。

表3-2　四大灌溉文明比较（中岛，1977）

	埃及	美索不达米亚	印度河河谷	黄河流域
年降水量（毫米）	150—200	250—300	250—300	500—600
夏季最高气温（摄氏度）	43	49—52	45	33
冬季平均气温（摄氏度）	12—13	7—8	16	0—12
泛滥时期	8—10月初	3月末—6月初	4—8月	7—8月
泛滥后的季节	冬	夏	冬（旱季）	冬（旱季）
水源	湖水和埃塞尔比亚高原的季风降雨	亚美尼亚山区的降雪和降雨	印度和喜马拉雅山的降雪和降雨	昆仑山脉的降雪和降雨
水量的增加	4倍（缓慢增减）	8倍（不规则且急剧增减）	3.5—4倍（不规则、突发性）	16倍（奔流）

续表

	埃及	美索不达米亚	印度河河谷	黄河流域
河水面的上升（米）	6—9	5	4—5	4—7
泥沙量（千克/立方米）	1.7	7.55	4.35	10—20
淤泥类型	含有20%沙子的植土	含有大量碳酸钙的坏土	细粒的植土	黄土（坏土）
河谷剖面	凹陷型（平缓，泥沙少）	凸起型，几乎平坦（淤泥多，运河有被埋没的危险的天井川）	平缓的凸起型（淤泥多，天井川）	凸起型，平坦（淤泥多，天井川）
向海的倾斜度	1:13 000	1:26 000	1:7 000	1:35 000
周边的地方	砂岩、石灰岩丘陵	含有碱基和石膏的泥灰土	石灰岩和砂岩构造	黄土平原
灌溉形式	储留式	周年（水路）式	同时使用简单的溢流式或周年式	溜池或周年（水路）式
主要农作物	大麦	小麦	大麦	谷子－黍子
栽培体系	一茬	二茬	二茬	二、三茬

· 治水灌溉的两种类型

相对于河流环境的不同，四大河流的治水灌溉形式也分为两种类型。

第一种类型是尼罗河的蓄水（洪峰漫灌）灌溉。这种灌溉方式会在河谷的农田里储蓄8—10月丰水期流至农田的泛滥水，阻止其在枯水期流回尼罗河。在此期间，旱田如水田般水位升高，在播种麦子的10月份，可以把水排放至尼罗河内，以便于顺利地播种麦子。农作物在饱含尼罗河水分和土壤养分的田地里苗壮生长。这种灌溉方法也有助于发挥脱盐方法的作用来应对盐分聚集，在尼罗河谷，作物可以避免盐分的侵害。

第二种类型是为防止洪水破坏河岸上的堤坝并冲毁田地，通过挖掘渠道来疏导水流的灌溉方式。

在底格里斯－幼发拉底河流域，曾多次挖掘大规模长距离的河道以便将底格里斯河的泛滥水流引入幼发拉底河。

对于决堤的黄河，与其任其冲毁堤坝，不如在自然泛滥之际疏通河道。从商周时期到春秋时期，疏通河道是治理黄河的主要措施。这种措施并非为了作物的耕作，而是为了保护已开垦的田地不受洪水侵害。夏朝的大禹治水也属于这种措施。为农业生产服务的灌溉，虽也曾使用黄河水，但更多的是从黄河流域的山麓地带汲取涌水和小河的水流，其重点是小型灌溉和蓄水灌溉。据中岛称，"中国的水利工程"始于治水防水，其次是漕运，以务农为主的灌溉排水体系晚至春秋以后才形成，此便是中国水利工程的实际情况。"漕运"是借由船只进行贸易和军事活动。

到了秦始皇的时代，大规模的治水排水工程和渠道水路被穿凿兴建，从此开始了渠道灌溉。秦朝的灌溉工事，以渭水北岸建起的占地27万公顷的郑国渠蜚声世界。然而，"华北地区的灌排水体系是多样性的，有大小河流、水池、水渠等，灌排水的水源也是多种多样的"。这些水利工程还没有涉及国家的政治经济体制。

　　由喜马拉雅山系的水流汇聚而成的印度河，通常情况下在坡度坦缓的平原上徐徐流淌，水流骤然聚集成洪水时便四处漫流，成了人们恐惧的"狮子河"。又，因其中下游带是没有坡度的平地，于是便有泥土大量堆积，河道迅速变成了地上河，由此水流泛滥也更加频繁。印度河流域的居民采取分流的方式，利用自然的溢流水来发展农业。只是，印度并没有形成大规模的灌溉排水体系。说到底，印度文明中并没有产生中央集权的王权组织。虽然发掘了像摩亨佐·达罗那样的具有商业功能的城市遗迹，但是代表大型王权存在的王宫或是政治纪念碑的遗迹没有被发掘。

　　通过以上内容，可以否定魏特夫所认为的，以东方专制主义为基础的中央集权统领下的大治水灌溉工程在四大河流域文明中都曾存在的理论。相对来说，实行过规模较大的治水灌溉工程的是尼罗河和底格里斯－幼发拉底河。

　　在尼罗河，中央集权的权力机构和灌溉工程开始联合的时间是在古埃及的第五、第四王朝时期（前2512—前2200）。这与当地的干旱化时期基本一致。只是尼罗河的水位呈规律性缓慢上升，故并不需要大规模的排灌水设施，河流也不会漫过河谷而泛滥。所以，维持排灌水设施就需要农民付出劳力。在古埃及，农民和法老的关系并不紧张，也没有形成军事化的要塞城市。

　　另一方面，治理底格里斯、幼发拉底两大地上河是极其困难的。从公元前3000年的苏美尔时代开始兴建水路和运河。到了公元前2300年间，阿卡德王国的萨尔贡王建立了大一统政权，治水工程也更加频繁。那时候，适逢苏美尔地区的干旱化时期。不过，两大地上河卷着泥沙泛滥，常掩埋兴建的河道，盐分侵害也甚是显著。苏美尔地区曾投入大量劳动力来排除泥沙和盐分的侵害。在美索不达米亚，根据治水状况，在东方专制主义王权的影响下，治水文明持续进步。可结果因含有大量盐化物的泥沙的堆积，美索不达米亚平原最终沦为不毛之地。

· 治水–灌溉文明论忽略的辽阔旱地

　　魏特夫以东方专制主义论紧绕的主题——治水文明论来论述四大河文明论显得过于浅显。毋庸置疑的是四大河文明有着显著的生产力和人口承载力。在古代，如此强的生产力和人口承载力在整个世界上都是卓绝的。在此基础上进一步形成的城市和国家文明，堪称人类历史上文明形成的源头。

　　然而，当察看干旱地域的人们的生活时，便发现仅凭四大河流域重点推广的治水灌溉文明论来理解分布在广阔旱地的人类生活是极其牵强的。在辽阔的干旱地域，有许多居民在生活中同四大河流文明不产生任何联系。干旱地域出现过许多大型帝国，不过其中许多帝国与四大河流文明也没有任何联系。

　　再者，从历史上来观看干旱地域的四大河流文明，美索不达米亚和埃及的历史经历了赫梯、波斯、喜克索斯、希腊等时代，哪怕是最近的伊斯兰时代也好，其整体上都是受马格里布和土耳其等地区的外来势力征服统治的历史。在这一点上，中国的黄河文明也是一样，中国历史上统一了黄河流域的王朝从秦朝开始，后来的隋朝、元朝、清朝等大型帝国的开国帝王都是来自黄河流域以外的、非汉族的少数民族。如杉山正明教授所称，就连唐朝也是北魏政权的建立者——鲜卑族所建立的拓跋王朝。

在干旱地域广泛传播的宗教，都起源于阿拉伯半岛的商业城市——麦加、古代巴勒斯坦等四大河流文明地区以外的地域。

· 分布在各干旱地域的河流灌溉文化

在承认治水灌溉文明的重要性的同时，不能忽略了干旱地域除四大河流以外，还分布着大大小小、各式各样的河流与绿洲。

谈到河流，中国还有辽河、黑河、伊犁河。蒙古国的首都乌兰巴托，靠近注入贝加尔湖的色楞格河畔。中亚有阿姆达利亚河、锡尔达利亚河及其诸支流。非洲有尼日尔河、塞内加尔河、索科托河、洛贡河、沙里河。再则，还有许多河流从摩洛哥的高阿特拉斯山脉流向撒哈拉沙漠。在多山地的土耳其和伊朗，也有许多中小型河流。

对于这些河流的灌溉利用抑或是对其泛滥的自然原力之利用，哪怕设施规模微小，也能为散居在辽阔旱地的人们提供极大的便利。

如前所述，撒哈拉南部的干旱半干旱地域有许多大型旱地河流分布。即便不推行特殊的土木灌溉工程，这些干旱地域的河流依旧成了伊斯兰文明形成的中心地。如若在尼日尔河内陆三角洲反复推行自然灌溉，那么它的面积能达到九州岛那么大。在非洲，靠着季节性泛滥的自然灌溉技术，光稃稻被大面积栽种，渔业也非常兴盛。畜牧民随着旱雨两季的规律性变化迁徙于内陆三角洲内外。以通布图为中心的下游加奥地带和上游的杰内之间形成了河流运输业。环绕着这片内陆三角洲，马里帝国、桑海帝国、图库勒帝国等大型帝国先后在这里崛起。这里虽没能形成类似"东方专制主义"的国家，但是形成了王权主导的繁荣社会。伊斯兰教的学术文化也在这里蓬勃发展。

· 绿洲灌溉

除了河流灌溉，绿洲灌溉是一种利用地下水的灌溉方式。广袤的撒哈拉沙漠分布着大小不一的绿洲。各绿洲开拓出网状路线，促使撒哈拉贸易路线形成，后者在伊斯兰世界和撒哈拉以南非洲世界扩大。土耳其和伊朗虽没有大型河流，但有许多绿洲，伊朗甚至被称为绿洲之国。中亚–西亚的绿洲因是丝绸之路的据点，故得以兴盛，其上建立了许多以绿洲为基础的小型国家。

大多数绿洲都使用地下暗渠式水道（撒哈拉地区称foggara，伊朗称qanat，中国称坎儿井）取水，然后浇灌菜园、田地、果园。

· 多极分散的治水灌溉文明论

若把所有类型的河流和绿洲群都考虑在内，分布在欧亚非干旱地域的灌溉文化据点将数不胜数。各据点和欧亚非内陆的交易路线网相互连接，在欧亚非大陆组成人、物、情报相联络的网络系统，奠定了欧亚非内陆干旱地域文明的基础。如果将四大河流文明看作是欧亚非内陆干旱地域文明的组成部分，也许能更准确地理解欧亚非大陆的灌溉文明。

有关这一点，不必再参考魏特夫的东方专制主义论。理解分布在欧亚非干旱地域的众小型灌溉文化-文明时，不能把欧亚非的政治文化等同于东方专制主义的中央集权体系，应把它看作是多极的地方分权的网状文明。

当我关注这一网状文明论的时候，瞬间想到了畜牧文化的文明形成力。

六　畜牧文化的文明形成力

· 作为移动-搬运手段的家畜和商业经济-都市文化的发展

对于畜牧文化应当大书特书。因为畜牧业可以生产乳、肉之类不同于农业产物的蛋白质资源。家畜的毛和皮也是各类工艺制品的宝贵原料。因此，家畜本身就具有高昂的财产价值与商业价值。

只是，若认为家畜文化的成立对人类文化和文明仅有这些贡献的话，显然是不充分的，就算再加上皮毛之类对工艺生产方面的贡献，依然是不充分的。因为家畜是比其他动物更善于移动的生物。对野生动物的驯化，让人类获得了移动-搬运的手段。这对人类历史的商业经济和城市文化的发展做出了巨大贡献。

在机动车和铁道等近代运输技术出现以前的时代，人和物品的移动和搬运在陆地上主要依赖步行或者家畜，在大海、湖泊和河流上则依赖帆船和手划船。船只的运输能力非常强大，手划船和帆船在分布着可航行内海、湖泊、河流的地区，常被用来发展水上运输业。腓尼基商人和希腊客船在古地中海地区的频繁活动，阿拉伯和波斯商人在阿拉伯湾到印度、非洲以及东南亚的印度洋等地区的频繁活动，就是水上航运业发达的典型例子。

　　不过，在远离大海的广阔内陆地区，只能依赖家畜的搬运力。自古以来被用作搬运工具的大家畜有骆驼、马、驴、牛、山羊、骡子。骡子是母马和公驴杂交而生出的动物，是体现杂交优势的牲畜范本。骡子比马和驴健壮，更有耐久力，更适合喂粗粮，是极其优良的牲畜。唯一的缺陷是，骡子不能生育。与骡子相反，还有一种由公马和母驴杂交出驴骡，它比骡子体型小，也没有骡子那般健壮。此外，有的地区会用小家畜山羊驮货和拉车。

　　这些家畜都是在干旱地域被驯化为家畜并且可以适应干旱地域的动物。其中体型最大的骆驼是最能适应沙漠环境的家畜。因为骆驼在一个月不吃不喝的情况下照样能驮着货物行走。我们都知道干旱地域的水里盐浓度高，但是骆驼相比于其他动物，可以饮用五倍以上盐浓度的水（绳田，2004）。

　　骆驼的种类包括分布在亚洲的双峰骆驼和分布在阿拉伯到撒哈拉的单峰骆驼。双峰骆驼在古代主要是以驮载东西而被役使，它的体型也是矮胖型的。单峰骆驼的双腿细长，比起驮货，更多地被役使为乘坐工具。然而，即使是单峰骆驼，每头也可以驮运125千克的货物在撒哈拉沙漠上行走。重量125千克，相当于在骆驼的左右各挂上两块重25千克的岩盐砖，再在背上放上一块，驮着一共五块岩盐砖的重量行走是标准规格。撒哈拉的商队有时会率领1000多头的骆驼行进。

不过历史上更加古老的役使牲畜是牛、驴以及骡子。役使马和骆驼的时期似乎比较靠后。不同的家畜有不同的特性和体力，把家畜当作驮畜来役使必须结合家畜的特性，还要注意如何役使家畜的技术问题。家畜用作搬运工具时，可以拉货车或者双轮战车，也可以直接驮货或者载人。家畜的役使最初是拉车用的。另外，人们也饲养了马和驴交配生下的骡子和驴骡。这类杂交牲畜凭着杂交优势，成了比马和驴更加健壮的役使牲畜。骆驼和马作为载人工具的利用，会因辔、镫、鞍等工具的发明与否存在明显的差异，我们这里暂不详述[6]。

这些家畜运输手段的存在，促成了物品的交换，形成了物品向商品转化的条件。在没有运输手段的时候，物品几乎没有商品价值，在非洲原野的生活，让我深深意识到了这一点（岛田，1994）。农产物也因运输手段的存在转化为商品。机动车成为普遍的运输工具是在近三四十年间，此前，农产物的运输都依赖驴和马或者驴马牵拉的马车。在非洲的原野上，到现在都是既没有正儿八经的道路，也看不见机动车行驶。在那种环境下生活的农民完全是市场经济以外的人。适于用作搬运手段的大家畜大量存在的必要条件，是因交换形成的商品经济在大范围地域内的发展。具备自给自足能力的牲畜，在其商品化的基础上不需要具备运输能力，它们自身就是优良的商品。

经济发展的基本进程是从自给自足的未开化经济开始，到覆盖大范围地域的各地特产交换的商品经济。如此，它的展开点必有畜牧文化的位置。

　　基于大规模的人工和自然灌溉文化而实现繁荣的古代四大河域文明，若是缺少了家畜的移动运输能力，便不能形成文明。虽是河流文明，但它不可能在推行灌溉的狭窄空间里形成，只有与周围地域进行商品贸易，才有可能实现繁荣。埃及尼罗河文明的繁荣，不仅仅是依靠中东全域的贸易，更依靠于覆盖北非全境的撒哈拉贸易路线网。美索不达米亚文明繁荣的背后，是因与波斯、中亚、阿拉伯半岛等地区结成了贸易网。"sleve"这一表意奴隶的单词，其英语的词源是"斯拉夫"这一民族名称。中东文明最为繁荣时期，来自斯拉夫的奴隶从俄罗斯逐渐扩张。这是大范围贸易网络在灌溉文明背后起到的作用。

　　维持这类贸易网络的是海运与河运，以及家畜的移动驮运力。船运之于贸易的作用主要发挥在河流流域和海岸地带，但只要是离河流和海岸稍有距离的地带，船运便毫无作用。若是没有家畜的移动驮运力，陆地上的产物运输就不能实现。然而自从人类开始役使家畜起，无论是什么样的深山村落，里面的家家户户都可以驮运产物。

　　在撒哈拉以南非洲，那些不使用船运和家畜的地带，人们把商品顶在头上搬运。但是在需要远距离搬运的情况下，人们仅能携带部分相当贵重且稀有的商品。在撒哈拉以南非洲，贵重且稀有的商品是撒哈拉中部出产的岩盐，还有从热带雨林采集的可乐果。从事盐交易的商人为了能在头上放岩盐，形成了剃秃头的习俗。

· 欧亚非内陆贸易路线网

　　依据家畜的移动驮运能力，分布在欧亚非内陆干旱地域全境的中小型绿洲文化和河流文化之间相互结成了贸易网络。结果，横亘在干旱地域的旧大陆中部，布满了如网目般的商队贸易路线。不利于移动的森林和少河流的干旱地域，也是良好的交通路线。商队在途中尽可能保持直线前进。

　　众所周知，中国和地中海地区形成的丝绸之路要经过中亚的干旱地域，但我们应当把它看作是众多的内陆贸易路线之一。无论是撒哈拉贸易，还是丝绸之路，又或是阿拉伯半岛、波斯湾和东非的斯瓦希里海湾、印度、印度尼西亚结成的印度洋贸易，再或者是基督教文化占主流的威尼斯所主导的地中海贸易，都属于欧亚非内陆干旱地域贸易网络路线。也可称其为，欧亚非全域性经济网络。

　　只是，这种贸易路线靠分布在干旱地域的众多绿洲和中小型河流灌溉文化来维持。就算是孤立于沙漠地带的中小型灌溉文化，也能对扩展至广阔地理空间的国际贸易网络发挥作用。

　　然而，借用家畜力展开的商业贸易文化只限于旧大陆的干旱地域。在旧大陆，骆驼、马、驴、牛等优良物种被驯化成家畜，而在新大陆的南美安第斯山地，仅有能勉强短距离行走的骆驼科大羊驼被驯化成了家畜。在旧大陆的喜马拉雅山和东南亚地区，牦牛和大象也被驯化成了家畜。牦牛在山地中的险峻山道也可以毫不费力地行走。在连接尼泊尔、中国的西藏、蒙古等山地贸易路线中，牦牛是主要的驮畜。大象是东南亚和印度的优良驮畜。

只是，由于大象食量巨大，饲养时会造成经济上的负担。

· 作为军事手段的家畜和大型帝国的形成

　　大型家畜还具有另一个重要的作用。

　　在贸易路线的结点，理所当然会诞生城市。由于贸易路线需要政治方面的安定，遂又诞生了国家。在这一点上，家畜是一种重要手段。马和骆驼等大型家畜能够迅速移动，可作为军事上的优良道具。尤其是善于短距离奔跑的马，极利于军事。建立蒙古帝国的蒙古骑兵团，每个骑兵都役使两匹马前进，一天可行走200千米（克拉通·布洛克，1997）。

　　旧大陆中部的干旱半干旱地域，从古以来不断地建立强大帝国。最古老繁荣的帝国兴起于土耳其的安纳托利亚高原、由赫梯人所建，这个帝国消灭了美索不达米亚文明（公元前1595年），后又与埃及帝国展开大战。黑海北岸有斯基泰人（公元前8—前3世纪）及其支派的匈奴（公元前209—公元93）分布。突厥（6世纪）从最初的奥斯曼王朝演变成了土耳其帝国。还有蒙古帝国、波斯帝国、亚历山大建立的希腊帝国、阿拉伯伊斯兰帝国等。这些帝国的共同点是：都使用了马和骆驼这两种高灵便性的军事力量。

　　马在最开始并不用作骑乘，而是用来拖拉双轮战车。因此，在中东遗迹的浮雕里，能看到乘坐三马并立的双轮战车与埃及军队激战的赫梯战士像。还有很多战士乘坐的双轮战车由多头马牵拉。役使骆驼的撒哈拉贸易开始之前，大约是公元前4世纪，根据海洛德斯的观点，那时的撒哈拉也有一种名为"加拉曼特斯"的双轮战车，加拉曼士兵靠此种战车攻击埃塞俄比亚人。这些历史场景在现今的撒哈拉岩画中还可以看到。

因灌溉文化繁荣的埃及王朝，以令人意外的消极态度来对待马文化。因此，埃及先后受公元前1680年的喜克索斯族、公元前525年的波斯帝国与公元前332年的亚历山大帝国统治。埃及最终也引进了马文化，同样也是用来拖拉双轮战车。

埃及的宿命，同面对北方游牧民族无力抵抗的黄河文明有着相似之处。

若我们认为拥有马文化的大帝国，仅依靠马车、战马等军事力量就能建立帝国的话，这是不确切的。马匹军事文化还连带骆驼、驴、牛、山羊、绵羊等家畜文化。骆驼和驴，可以在战争时运送物资。山羊和绵羊在战争时可作为士兵的军粮。整体的家畜文化可以为相隔远地的各民族间的商业交流和经济发展做出贡献，由此形成了大型帝国的经济基础。世界上首次制作并通行纸币的是元帝国。家畜文化之所以能派上用场，是因为农业文化和渔业文化具有潜在的商品生产力。这一点也是非常重要的。

基于役使家畜的商业贸易和军事力量所建立的干旱地域大型帝国，后期都走向了没落。取而代之的是凭借开辟海洋航路进入世界舞台的欧洲文明。此前，利用海洋交通的只有地中海、印度洋、北海等内海或沿海岸线的文明。大航海的帷幕拉开以后，大西洋、印度洋、太平洋等海域变成了世界货流的中心地。在军事上支配海洋的英格兰最终称霸七大海域的大英帝国。海洋力量是推动人类历史的主要力量，也意味着家畜力量向海洋力量的转移。海洋力量最初只靠三根桅杆的帆船来维持。18世纪，詹姆斯·瓦特改良了蒸汽机，使人类进入了蒸汽时代。

现代社会，是与大航海同时发足的海洋文化的末期。据此观点，旧大陆的内陆干旱地域看起来像落后的社会。不过，若是从悠久的人类历史来看，大家更应该视干旱地域为人类文明的先进地域。

七　干旱地域的多样性结构

·干旱地域的多样性和旧大陆的特殊性

虽称作干旱地域，但其结构是多样的。谷类农业和畜牧业自古以来就关乎人类的粮食生产。位于北半球旧大陆的干旱地域，即欧亚非内陆干旱地域，为两大产业的同步发展奠定了基础。

因此，欧亚非内陆干旱地域构建了人类文明史的基础。其中要特别注意畜牧文化的重要性。畜牧文化不仅能为第一产业提供乳、肉等食物，还促进了长距离移动-搬运文化的形成，使城市文化开花结果。另外，因可作军事手段的大型家畜的存在，才形成了幅员辽阔的大型帝国。

此外，欧亚非内陆干旱地域的中部有阿尔卑斯、喜马拉雅造山带横亘。在绵延的两大造山带，形成了数条大型河流，从而流向干旱地域。下游还形成了数量众多的中小型无尾河。而且，在小型河域和利用地下水的绿洲地带，造就出规模小但内容丰富的农业文化，进而带动了长距离的贸易活动，使城市文化诞生的同时，大范围的贸易网也必须被统一支配。

文明的诞生是对旧生活样式的彻底变革。旧生活样式是同部族或同民族共生。文明诞生以后，昔日天各一方的各地域民族必须相互交流，相互依存。依靠农业和畜牧等第一产业生活的民族，必须从事各种工艺和商业等城市职业。自给自足型经济环境下的人们必须置身于商业经济环境下。生活在无文字文化中的人们，从此必须学习文字。身份低微的无产阶层，必须在王侯贵胄的政治支配和权威下生活。

为了适应这种生活的整体性变革，人们不得不改变自我观点和精神认知。因此，新思想成为必要。所以我认为世界宗教就是为对应这种必要而诞生的。实际上，欧亚非内陆干旱地域是佛教、基督教、伊斯兰教等世界宗教形成和发展的地域。世界宗教的创始人有许多，有的是王国的王子（释迦牟尼），有的是商队的商人（穆罕默德），有的是木匠的儿子（耶稣），他们都诞生于文明时代的城市市民阶层，而不是农民或牧民等从事第一产业的阶层。

人类文明的形成，单凭第一产业丰富的农业和牧业及其剩余生产物是不够的，更离不开跨地域的物产、人、文化之间的交流和大范围地域的统一及商业经济的发展。如此才会出现城市、国家以及世界宗教。一言蔽之，"文明"就此诞生。

促使"文明"诞生的是旧大陆的干旱地域。若单讨论各个地域，在生产力低下的干旱地域，必须推行各地域间的交流以实现生活的安定与繁荣，而旧大陆拥有能实现生活安定与繁荣的役用家畜的贸易力量和军事力量。

· 干旱地域人类生活的基础结构

　　根据上述内容，可对欧亚非大陆北半球干旱地域的人类生活结构做出整理，内容如图3-2。

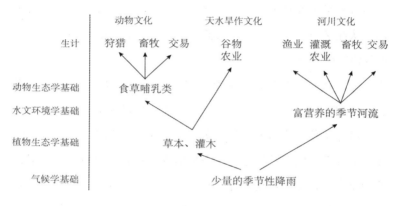

图3-2　干旱地域人类生活的基本结构

　　首先，干旱地域的人类生活基础包含少雨和季节性降雨的气候特征。

　　其次，干旱地域的人类生活基础包含与其气候类型相对应的植物相和动物相。植被方面，有稻科草本和豆科草本及金合欢属灌木类显著分布于草原。在这样的植被环境中栖息的动物，主要包括食草哺乳类和猎捕其的肉食哺乳类。

　　与此相对，人们又会从事何种生计呢？

从禾本科植物和豆科植物显著的干旱地域特有的植被中诞生的种子作物农业，是以麦类、高粱类、玉米等禾本谷类和豆科类的各种豆类、蓼科的荞麦等植物为主要作物的自然水灌溉的佃作农业。

以食草哺乳动物为对象，形成了狩猎业和驯化其为家畜并役使之的畜牧业。进一步地，将家畜用作移动、运送手段，使贸易和商业经济得以成立。

干旱气候会形成与之对应的特有的河流环境。干旱地域河流的特征是水量的季节性变化显著。因此，河流在季节性涨水期会泛滥，进而形成冲积平原。到了枯水期，泛滥平原的一大半会干涸，只有湖泊和小河内有积水，由此诞生了干旱地域特有的河流文化。

泛滥平原首先可作为牧民季节性移动放牧的据点。泛滥平原进入水位高涨的雨季时，牧民会赶着牧群出离平原，向着雨季可放牧的沙漠深处走去。等到了旱季，牧民会重新返回存留牧草和水源的泛滥平原。如此，牧民可以适应严酷的旱季生活，而一到雨季便再次出离。

家畜和野生动物为寻找饮水地而集中在旱地河流，因此河流附近留下了大量畜粪。这给干旱地域河水添加了足够的养料，让渔业资源变得更加丰饶。因此，干旱地域河域的渔业兴盛，即便在水位低下的旱季，也能徒手在河流或沼泽中抓住鱼。

在泛滥平原，麦类、蜀黍类、禾本类等作物可依靠自然水灌溉和栽培。至于产量，由各干旱地域不同的水文环境、治水灌溉技术的发达程度、品种的不同和品种的改良等因素决定。但比起雨水灌溉的佃作农业，泛滥平原的作物生产量要明显高出许多。

在从事多样性第一产业生产的干旱地域河流流域的泛滥平原，形成了干旱地域的生产据点和人口集中的地域，也形成了横跨沙漠的远距离贸易据点。河流水量充沛的时候，实现了水上运输，水上运输是发展贸易和贸易城市的原动力。

在孕育各样产业活动的干旱地域河域，形成了与其地理条件对应的各民族、部族共生和互相交流的世界主义社会。不过，在此种社会环境中，各民族、各部族难以在保有自身民族性和部族性的同时实现共生和互相交流。工艺职业人、商业民、宗教人士、政治统治者等从事第二、第三产业的人们会或多或少地失去自身原有的民族性和部族性。

但是，这是历史上位于北半球的欧亚非大陆形成的典型的人类生活。关于干旱地域，图3-2上没有展示出的类型也有许多。

欧亚非内陆干旱地域的各种地理条件不尽相同，既有得天独厚的广大干旱地域河域，也有占尽地利的绿洲和小规模河域，还有方圆数百千米尽是岩石和沙丘的地域。

事实表明，干旱地域文化和文明的展开有着严重的地域差，各地域的文化和文明也会频繁地受到历史变化的影响。在骆驼尚未出现的撒哈拉，很难形成贸易文化和绿洲文化，而后随着骆驼的引进，兴起了贸易文化，伊斯兰文化也广泛传播，城市文化和国家应势而生。牛类牲畜传到西非是在15世纪后。在家畜文化淡薄的新大陆，自15世纪欧洲人迁入以来，开始引进各样的家畜，畜产文化也随即开花结果。

如此，按照图3-2所揭示的人类生活的基本机构来检视某一地域缺少何种因素或具备何种因素，进而理解该干旱地域的文化特征，可以系统性地认识多样的干旱地域文化和文明的异同。这种方法作为一种认识体系（模式）颇为有用。

· 多样性的悖论

依照以上的分析，我想再次论述关于多样性的悖论。通过上文可以了解到一些内容，即相对人类而言生物的天然多样性与生物自体的天然多样性是不同的。生物自体的天然多样性和植物的天然多样性也是不同的。

若是依生物量来衡量植物的天然多样性，干旱地域要远远低于湿润地域。植物中，以自身会缩小体型、到旱季躯体会枯萎、为了繁殖会存留大量种子（也可称之为"时间胶囊"）的种子草本植物最为发达。而且，种子草本植物的核心作物是禾本植物，因其叶中含有纤维素，故是动物难以消化的植物。因此诞生了能咀嚼和消化禾本植物、长着特殊牙齿和胃脏的食草哺乳类。食草哺乳类是人类最重要的食材来源。不过干旱地域的植物生产量的绝对值低下。而且大多以蛋白质含量稀少的植物为食的动物，若不食用更多的牧草，就会造成营养缺失。为了弥补这一缺陷，食草哺乳类靠超强的移动能力行走在更广阔的范围，以便找到牧草。干旱地域是食草哺乳类的天堂。从宏观上来看生命进化，会发现食草哺乳类的诞生原本是为应对生命的危机。人类以食草哺乳类为猎获对象，后又驯化其为家畜，从而构筑生存的基础。

其他方面，人类成功培育了干旱地域的核心植物——禾本科植物和豆科植物。禾本植物和豆科植物是稀缺的产种植物。收获大量硬壳包裹的小颗粒种子后再碾破谷壳取出粮食，这定会需要倾注足够多的人类智慧。结果人类做到了这一点。

两件事情意味着干旱地域的自然环境是人类最丰富的资源宝库。

对人类而言，干旱地域的自然生物的多样性反而是自然生物本身的匮乏性，因为匮乏，动植物在对抗生命危机时造就出自身的多样性。

人类借用动植物为适应生命危机而产生的机能，发展文化-文明，人类文化-文明的本源里含有最根本的生命危机。这个事实是只存在于干旱地域的文化-文明中呢？还是存在于全人类的文化-文明中呢？现代的我们有必要为此驻足并重新审视。

/ 注释 /

1. 喀麦隆地区的调研对象——雷布巴王国的南部地域，当地的充沛降水对农牧生产的破坏度令人震惊（岛田，1994）。

2. 例如，旧石器时代的法国赛鲁特（Salutre）遗迹因有大量被杀的野生马而闻名于世（Olsen，1989）。与此同时代的许多洞窟里都出现了描绘一种类似野牛的野生兽的岩画。这些洞窟与西班牙的阿尔塔米拉洞窟、法国的拉斯科洞窟相似。

3. 哈扎诺夫学说（Khazanov，1983）、左伊纳学说（左伊纳，1983）被广泛接受（见克拉通·布洛克，1997；藤井，2001；远藤，2001）。关于家畜化的发展阶段，另外有清水等（1981）、正田（1987）等人的著述可供参考。

4. 笔者在非洲的调研地——北喀麦隆南部和马里南部正是这种缺盐地域，因此，撒哈拉沙漠的盐交易持续到现在。野生动物会喝多盐分的泉水以及舔舐岩石上的盐，猎人也会埋伏在这些地带。

5. 19世纪的法国荒地蔓延，据我从法国布列塔尼得到的资料显示，19世纪中叶的法国，假若种植松树，1公顷土地需要52法郎；若改为燕麦田，需要225法郎；若改为牧草地，需要465法郎。在灌溉排水工程不可缺少的情况下，还得额外支付200法郎（Paulme，1954：106）。

　　在此期间，农业劳动者的年工资是50—80法郎。这等于，四个农业劳动者的年工资是200—300法郎，相当于1公顷燕麦田的改造费。要想把1公顷土地改造成牧草地，需要花费8个农业劳动者的年工资。要想种植100公顷的燕麦田，需要花费40—50个农业劳动者的年工资。至于要想种植同样面积的牧草地，则要花费80个以上的农业劳动者的年工资。

6. 与驴类杂交品种和马镫及其他类役使家畜匹配的技术－器具的发展，详细内容请参考克拉通·布洛克的著作（1997）。

第四章
欧亚非内陆干旱地域的四种文明类型

一 畜牧能源撑起的欧亚非全球化运动

· 对"沙漠化"的误解

我以欧亚非内陆干旱地域全域作为研究干旱地域文明的视点，最先着手研究的时期是1990年左右。那时地球上刚好出现了"沙漠化"论题，急需一种以全球干旱地域为视点的研究，也是1992年的"环境与开发宣言"、1994年的"防止沙漠化公约"等条约缔结的前期准备阶段。为了对应以上公约，日本的学术对策之一是在1990年建立日本沙漠学会。

关于世界的"沙漠化"问题，我确信必须将畜牧文化当作干旱地域文明的基础来研究。所以我有了更强烈的研究动机。因为防止"沙漠化"的议题更偏向于将沙漠绿化为森林，而彻底忽略了畜牧文化的存在。人们虽会偶尔论及畜牧，但只将它看作破坏沙漠植被并导致沙化加速的元凶之一。然而，在我的研究中，畜牧民才是"沙漠化"的最大受害者。可惜在"沙漠化"问题的讨论中，根本没有谈论到如何救助畜牧民。特别是日本的研究者们，丝毫没有意识到畜牧民的存在。这与日本学者研究的环境问题之结构有关。从事沙漠化问题的研究者多数是以稻作为中心的农学研究者或沙漠工学研究者，他们的研究内容大多缺少沙漠的真实形态。

　　畜牧是干旱地域的主要产业，因干旱地域各种产业间的相互连接，使畜牧业成为干旱地域生活从文化水准向文明水准转变的"最大功臣"。再加上"沙漠化"的最大被害者是畜牧民。因此我的立场是"沙漠化"防止政策的重心应该围绕牧民展开，进而让干旱地域的环境、经济、社会生活更具活力。

　　我认为，"沙漠化"这一概念本身就误解了"沙漠化"的本质。"沙漠化"被广泛使用之前，干旱是主要的问题。可以理解干旱是年降水量的减少、气候学上的客观事实。尤其是以1996年为分水岭，位于撒哈拉南部的干旱半干旱地域的西非地区降水急剧减少。

　　描述土地景观荒废的"沙漠化"概念，被新闻工作者大肆渲染，为的是吸引读者的注意，但会阻碍人们认识客观的自然现象。有时候这个概念也指代已经存在的沙漠。

　　防止沙漠化的条约中明确指出"最严重的沙漠化地带"是位于撒哈拉南部的西非干旱半干旱地域，我曾在那里持续调研，足有30多年，但没有见过"沙漠化"所描述的现象。原本那里

有发达的混牧林业，田地里会栽种金合欢属的阿拉伯相思树
（Albida）和非洲芥菜（Soumbala）以及乳油木等实用树。田作
物会长成森林的景象。这些实用树当中数阿拉伯相思树最为重
要。由于根瘤菌会附着在其根部，故能起到固定氮气的作用，
还可以为土壤提供氮肥。而且，阿拉伯相思树的叶子在雨季会
掉落，雨季正是黍类作物生长的时期，没有叶子的阿拉伯相思
树刚好不会阻挡阳光照射作物。再者，作物结粒之后的旱季，
合欢属Albida的叶子又全部长出，简直就是奇迹。因此，家畜
可以走进收割完毕的田地里吃没有割尽的农作物根和茎，同时
也能吃到阿拉伯相思树的枝叶。家畜还会在田地里留下许多粪
便。阿拉伯相思树会长到双手都抱不住的粗度，它的枝叶下是
丰富的农牧产物。

　　人们认为过度耕作和过度放牧使"沙漠化"扩大，可是会
有牧民或农民愚蠢到过度耕作或过度放牧直至草场和田地变成沙
漠吗？如果干旱导致降水量减少，那么在"沙漠化"之前作物就
不能生长了，放牧变得非常困难。所以，农民和牧民会在"沙漠
化"到来之前离开自己的土地。畜牧生产和农业生产的减少或破
坏都发生在"沙漠化"之前，导致这一切发生的原因是干旱。事
实上，在我深刻认识到"沙漠化"问题的1970年至1980年，法国
就曾以"干旱"来讨论过"沙漠化"的问题[1]。

　　干旱比"沙漠化"更能破坏人类的生活，而且干旱的破坏
面极广，因为即使没有"沙漠化"，干旱也能对农耕、畜牧、渔
业等第一产业造成严重打击。"沙漠化"这个词语的出现使人们

忽略了干旱的破坏程度。例如，最受干旱影响的是泛滥平原的稻作、渔业、畜牧等产业。即使发生干旱，原本水源和植被丰富的泛滥平原的湖沼、河流中的水和牧草也不会消失。所以，干旱下的泛滥平原依然持续着稻作和渔业的生产。旱季的泛滥平原，会有许多家畜麇集而至，也不会有"沙漠化"的发生。然而，过去泛滥平原的辽阔程度相当于现今的二倍到三倍。渔业生产、畜牧生产、农业生产等也减少了将近二分之一或者三分之一。不了解泛滥平原的利用历史的外部观察者是很难发现这一点的。

失去牧草地、渔场、田地的人们，要寻找新的生活食材，他们会迁移到更加湿润的地域或城市。因此城市的人口涨到平民区人口的二倍、三倍。与此同时也会并发各种各样的城市问题。在南部的湿润地域，爆发了北部迁来的农牧民与当地居民之间的民族纷争和宗教纷争。所谓的宗教纷争，源于易受干旱影响的干旱地域居民大多是伊斯兰教徒，而南部湿润地域的居民大多是基督教徒或非洲传统宗教的信徒。

一旦被"沙漠化"这一概念诱导，人们就不会注意到干旱这一对人类生活破坏度大、破坏面广的因素。而且，若依长远的目光看待干旱半干旱地域，就知道它是气候变动最为明显的地域，常年干旱之后，会突发暴雨，暴雨也具有破坏性。这些都是居住在干旱半干旱地域的人们在生活中积攒下来的经验。不过，外部的观察者很难理解。我一边思索着这些知识，一边又在想："沙漠化"到底是什么？我还意识到必须制定防止干旱的对策[2]。

· 难以实现的"沙漠绿化"

防止"沙漠化"的错误对策之典型就是"沙漠绿化"政策。

"沙漠绿化"是难以实现的。因为沙漠原本就是降水稀少的地域，在沙漠以及与其接壤的萨瓦纳地域不能种植树木，要种植，只能种长生长周期的金合欢属树木。要把干旱地域绿化成森林，根本就是无稽之谈。"绿化运动"当然也有成功的例子，西非地区街道两边的楝树（印楝）就栽种成功了。马路中间被楝树的树冠覆盖，这些楝树为人们舒适的生活增添了一些乐趣（不过这些楝树的栽种时间是20世纪70年代，当时为了栽树，动员了非洲各国的中学生和小学生）。只是，栽种楝树并没有起到绿化城市或乡村周围的田地和原野的作用，而且原本就没有那个必要，因为当地已经有混牧林业的存在了。

人们也尝试过通过种植桉树来绿化原野，为此，欧洲和日本的志愿者还专门前往非洲，遗憾的是他们没取得什么成效。虽有桉树生长成林，也只是因为这些桉树林刚好种在干旱地域容易浇水的地带（沙丘的水边、旧河流湖沼的河床等地带，或者是可徒手栽种并且容易生长的马路边），或是当地居民从事畜牧、农耕、渔业的场所。而绿化运动断定当地民对土地的利用方式是"沙漠化"的元凶，或是绿化的阻碍因素，因而禁止当地居民使用土地。

推广绿化措施的例子还包括中国的"退耕还林"政策，也叫"退牧还草"政策。"退耕还林"是为培育树林而禁止耕种；"退牧还草"是为草场恢复而禁止放牧。此类政策还专门实行"生态移民"，移民的对象是耕耘土地的农民和在草地放牧的牧民，他们因而迁居到别的地方，迁居地址有专门为移民建造的住宅。移民政策有两种，一种是全家搬迁；另一种是老人小孩搬迁到城市，成年夫妇继续居住在牧场。受移民政策影响最深的是辽阔土地上放牧的牧民。到内蒙古的牧区，就能看到许多用铁栅栏围起来的禁牧区。

· 靠骆驼和马维持的欧亚非全球化文明

　　畜牧因在降水稀少的干旱地域而发足，故成为干旱地域的特有产业。其发展原因是干旱地域的植被以禾本植物、豆科植物、树木为主，而以这些植被为食物的动物都是食草哺乳动物。食草哺乳动物具备消化多纤维含量的禾本植物的四种脏器，靠着这四种脏器，食草哺乳动物有了倒嚼消化的功能，而且其脏器中的肠道细菌可以使纤维素发酵。把食草哺乳动物驯化为家畜，从此便有了畜牧业。畜牧业能恰如其分地利用干旱地域的草原。

　　此外，欧亚非内陆干旱地域正是因家畜文化的存在，故能成为近代以前世界物流、人员移动－交流的中心地，因为骆驼和马、驴、牛能发挥移动驮运的作用。欧亚非地区的骆驼以双峰骆驼为主，中东阿拉伯地区的单峰骆驼都役使为驮畜。横跨欧亚非大陆的"丝绸之路"闻名世界，而在非洲的辽阔沙漠地带，诞生了以绿洲为中转地的横贯南北的撒哈拉贸易路线。无论是丝绸之路还是撒哈拉贸易，都仅是欧亚非内陆交易的一个网眼。研究丝绸之路也好，研究撒哈拉贸易也好，绝不能忽略两大贸易路线之上的欧亚非内陆贸易网。

欧亚非内陆干旱地域为人类的发展做出了巨大贡献，其功劳赞美不尽。

人类分为黄皮肤的蒙古人种、白皮肤的高加索人种、黑皮肤的尼格罗人种。三大人种主要分布于欧亚非大陆周围的三大湿润地域。蒙古人种分布于亚洲季风地域，高加索人种分布于欧洲，尼格罗人种集中分布于非洲。其中的欧亚非内陆干旱地域，因商队的往返穿梭，成为三大人种相互交流的媒介地域。如今，全球化运动不断推进，而全球化的第一步始于欧亚非内陆干旱地域。

佛教、基督教、伊斯兰教等世界宗教的发祥地同样是欧亚非内陆干旱地域。伊斯兰教自不必说，始于印度的佛教，越过最高海拔7000多米的阿富汗的兴都库什山脉，传播到中亚的丝绸之路一带，后又传到中国、日本。这意味着佛教是沙漠地区的宗教。佛教在印度最兴盛的时期，是迦腻色迦王统治的贵霜王朝，该王朝兴起于巴基斯坦和阿富汗境内，并且掌管着连接印度和中亚的丝绸之路。在丝绸之路的绿洲据点和贸易路沿线，迦腻色迦王兴建了许多佛塔。

将佛经翻译成汉文的鸠摩罗什，从丝绸之路途经的龟兹国抵达中国。公元7世纪的唐朝和尚玄奘法师沿丝绸之路去到印度，将大量佛典带回中国。玄奘在印度学习期间，日本派遣众多遣唐使去中国，他们乘船到达长安。期间也有像鉴真那样中国僧人东渡日本并把佛教传到日本。日本的古代文化，作为欧亚非内陆干旱地域的周边文明而开花结果。

另外，创立于公元7世纪的伊斯兰教，随着贸易路线在欧亚非内陆干旱地域中央地带的开展而传到中东、中亚、撒哈拉等地区，后又随着海洋贸易的路线，远播至翻越印度洋的撒哈拉以南非洲、东南亚等地区。伊斯兰教并不是单线性的传教运动，根据伊斯兰教的教导，去麦加朝圣是穆斯林必行的五功之一。因此，许多敬虔的伊斯兰教徒从北非、西班牙、撒哈拉以南非洲、东南亚、中亚等地区出发前往麦加朝圣。

基督教传播的前期和中期，主要集中于地中海东岸的巴勒斯坦、埃及、叙利亚、土耳其等地区，这些地区都属于现今中东的干旱地域。基督徒虽曾被罗马帝国迫害，但是基督教思想却渗透到了地中海东部的城市居民当中，最终荣升为罗马帝国的国教。确立基督教地位的君士坦丁大帝将国都君士坦丁堡建在了现今的伊斯坦布尔地区。君士坦丁堡是之后东罗马的国都，也是繁荣的基督教城市。东罗马也是之后的奥斯曼土耳其帝国的成立地。

我认为，欧亚非内陆干旱地域及其周边的沿海地带孕育了利用骆驼的运输能力发展起来的商业经济，并促发了商业经济的全球化运动，进一步为世界宗教的开展奠定了基础。

欧亚非文明伴随着希腊帝国、马其顿帝国、蒙古帝国、土耳其帝国等大型帝国的政治运动而形成。这些帝国的骑兵团极其强大，他们的背后是欧亚非的贸易经济。亚历山大的军队远征至中亚的费尔干纳盆地，并在当地兴建了（公元前329年）"最远的亚历山大城"——亚历山大里亚－埃斯哈帖（今塔吉克斯坦的胡占德）。之后，这座城市成了丝绸之路的据点城市。同时代，汉朝的张骞受武帝差遣去往大月氏缔结军事同盟，虽然没能成功，张骞却借此机会出使了统治费尔干纳盆地的大宛和统治阿姆达利亚河上游盆地的大夏，为后来的丝绸之路奠定了基础。

公元13世纪，在撒哈拉以南非洲成立的马里帝国统治了撒哈拉南部的大半土地，一直繁荣到15世纪末。因尼日尔河水运和以通布图为据点的撒哈拉中央贸易的发展，自发性地形成了马里帝国，伊斯兰帝国最终统治了撒哈拉贸易正好能说明这一点。撒哈拉贸易路线的安全有了保障，伊本·白图泰和利奥·阿非利加努斯等人因而也能顺利地完成旅行。

《马和人的文化史》的作者克卢顿·布洛克在书的序言中对马为人类文明史做出的贡献做了如下论述。对此我深表赞同。

　　　19世纪是蒸汽机的鼎盛时期，至机械力取代马动力之前，马和驴在人类社会中发挥着巨大的作用，这一点被不断地研究。如若没有马的存在，人类社会便是另一番模样。古代社会的大型战争，属于单纯的内部战争。就连亚历山大大帝，最终也没能实现征服亚洲的梦想。诺曼人在1066年也没能攻下英国，因为若没有物资、武器、粮草的快速搬运能力，侵略者就无能为力，进而也就不会有十字军和各帝国的存在了。南北美洲两个大

陆，印加族和阿兹特克族若是没有马和车的辅助，如何
能建立起大型帝国并且维持之，更不能在1492年抵御得
住西班牙侵略者的进攻。

骆驼，对经济网络的大范围形成也有着卓越的贡献，这一点
必须被申明。

· 从"陆地时代"到"海洋时代"

时代更迭，大航海拉开了近代的序幕。欧洲此前未曾利用到
的大西洋、印度洋、太平洋等海域开辟了新的货运路线和军事政
治路线，结果导致世界因海洋路线的建立被重新整合。

人类文明史的基本框架是从靠内陆干旱地域的家畜文化维
持的"陆地时代"向着靠海洋航船维持的"海洋时代"变更。最
初在海洋中航行的帆船仅有三根桅杆。然而，19世纪以后，随着
蒸汽船的问世，人类对海洋的操控力因化石能源的使用而愈发强
大，欧洲的政治统治力也变得更加强大。大西洋、印度洋、太平
洋的沿岸地带陆陆续续成了欧洲列强的殖民地。

随着海洋时代的到来，内陆干旱地域的贸易路线走向衰微，
也遭遇破坏，欧亚非内陆干旱地域变为当今世界最贫困的地区，
也是民族矛盾、宗教矛盾频繁发生的地域。

我认为"沙漠化"并不仅仅是环境问题。维持欧亚非地区过
去的繁荣经济和灿烂文明的内陆贸易网遭到了经济方面和政治方
面的破坏，导致居住在欧亚非内陆干旱地域的居民生活更趋向贫

困。而把这一切原因都归结为环境问题的人们，他们对事态的认识也好，提出的解决策略也好，完全是混乱的。

在此，我们进一步对欧亚非内陆干旱地域文明做集中分析。

二 欧亚非内陆干旱地域的四种生态学类型

如何才能让欧亚非内陆干旱地域文明论更具说服力呢？

关于这个问题，第一，取决于如何整理和理解欧亚非内陆干旱地域文明的内部多样性。欧亚非内陆干旱地域文明是起源于辽阔的欧亚非大陆内部的文明。在这一点上，作为其基础的自然-历史状况是极为多样的，各地形成的文明的特性也是多样的。各文明有着干旱地域文明的共同特性，同时又朝着各自的方向发展，形成了多样的干旱地域文明结构，从其结构上来整理和理解干旱地域文明是研究欧亚非内陆干旱地域文明论的课题。

· 干旱地域的四种类型

带着这种问题意识，我们试着分析欧亚非内陆干旱地域的自然条线的多样性结构。关于这点，从结论处论述，可分为以下四种类型。

①从东北亚扩展至中亚的北部寒带草原。

②从撒哈拉沙漠扩展至中东的西南部热带沙漠。

③从非洲扩展至印度的南部热带萨瓦纳。

　　④位于阿尔卑斯－喜马拉雅造山带的中东的绿洲型
干旱地域。

　　这种分类方法是基于我对中国内蒙古和北非洲的调查结果。
　　我在类型③的非洲热带萨瓦纳地区调研时，觉得热带非洲的
植被很不可思议。那里的植被为适应干旱地域降水量的上升，生
长变化往往呈现出"沙漠—草原—萨瓦纳"的顺序。因此，越过
最干旱的沙漠，首先是草原的覆盖，紧接着，就是生长着灌木和
疏林的萨瓦纳地域。不过，从萨瓦纳地域到沙漠的边沿地带，没
有任何草木生长的迹象，地面虽完全由沙地覆盖，但过人身高的
禾本植物和金合欢属灌木却茂盛地生长着。那些灌木是骆驼和长
颈鹿爱吃的食物。这也就是骆驼和长颈鹿的脖子细而长的原因。
　　我在内蒙古地区调研的时候，发现那里没有灌木，绒毯般
的草原朝四方扩展，形成了辽阔的大原野，令我很是震惊。北
非洲的干旱地域正是如此景象，而蒙古和中亚地区尽是辽阔的
草原，这就是类型①的从东北亚扩展至中亚的北部寒带草原地
域。所谓的草原景观是欧亚非内陆干旱地域的北部地带的特有
植被环境。
　　欧亚非内陆地域的植被环境，可对照性地分为南北两种类
型。介于两种类型之间的是类别②的热带沙漠地域，也就是世界
上最大的沙漠——撒哈拉沙漠直至中东阿拉伯半岛的沙漠地域。
依据空间跨度来断定，类型①的寒带草原环境和类型②的热带沙
漠环境是构成欧亚非内陆干旱地域的两大环境类型。

· 山地的绿洲型干旱地域

　　依据①和②这两种环境类型，有必要再拟定一种环境类型。这是由于①和②之间，阿尔卑斯－喜马拉雅造山带这一最大的山岳地带横亘于欧亚非大陆。喜马拉雅山脉和阿尔卑斯山脉之间，以及阿富汗到伊朗、土耳其等地区间，还分布着海拔4000米以上的扎格罗斯山脉、海拔5600米以上的高加索山脉、厄尔布尔士山脉等山岳地带。伊朗是被这些山脉包围在内的巨大盆地国家。伊朗盆地的中央是辽阔的沙漠，有源自周围山岳地带的河流流至，也有山麓地带涌出的泉水流至。当地利用河水和泉水发展农业，因而形成显著的绿洲灌溉文化。中国西部的塔克拉玛干沙漠，其南侧是绵延的喜马拉雅西藏高原，西部被兴都库什山脉、北部被天山山脉围住，处于塔里木盆地的中间。位于希腊的巴尔干半岛到旧南斯拉夫的全域与日本相似，都分布着山地和盆地。这类型的山岳地带，从东南亚或云南开始，经过喜马拉雅山脉和阿尔卑斯山脉，一直延伸至北非的阿特拉斯山脉（最高海拔4067米）。

　　这类地形的特点是，都能利用流经山脚或山谷的小河流和泉水来发展绿洲型灌溉农业。灌溉方式是有名的暗渠和地下水道，中国的塔里木盆地地区称作"坎儿井"。

　　横贯在北非西北部的阿特拉斯山脉及其山麓地带是绿洲型畜牧地带。这里称暗渠式地下水道为"坎儿井"。撒哈拉沙漠的正中央，分布着阿德拉尔等绿洲群。纵观这些绿洲，都位于撒哈拉北部的阿特拉斯山脉和中部的霍加尔山脉包围着的盆地的中部低缓地带。

在山地地形显著的地域，人们不饲养骆驼和马这类大型家畜，而是大量饲养与绿洲型灌溉农业息息相关的山羊、绵羊等小型家畜。我将这种干旱地域的自然环境拟定为：④位于阿尔卑斯－喜马拉雅造山带的中东的绿洲型干旱地域。

根据以上的分析，欧亚非内陆干旱地域的生态结构可以绘制成图4-1。

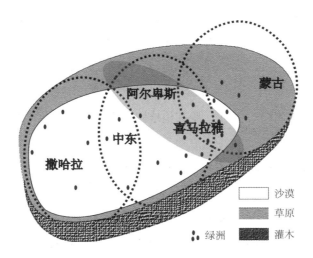

图4-1　欧亚非生态结构示意图

三　欧亚非内陆干旱地域的四种文明类型

·民族和畜牧的四种固有类型

相对于前面叙述的四种生态学类型，各地域诞生了固有的畜牧文化以及文明。其具体是怎样的文化及怎样的文明？要想理解各地域的文化和文明，可以把各地域的家畜和民族当作参考对象。这并不意味着畜牧经营只偏重于饲养某种代表家畜。欧亚非地区的牧民饲养的家畜是多样化的，大多以蒙古人口中的"五畜"为主要饲养对象。男女、儿童、成人、老人等都能在饲养和管理各种家畜的事上出力，也能参与到加工各种肉类和乳类产品的活动中。然而，若是对牧民的生活进行比较，特定的地域会诞生特定的畜牧文化，若再进一步深究，便会发现其根源是来自特定家畜的饲养。我把其内容进行了整理，详细如下。

在类型①的北部寒带草原地域，广泛分布着以斯基泰和匈奴为主的蒙古、土耳其系民族。家畜类型主要以五畜（骆驼、马、牛、绵羊、山羊）为主。跟其他地域相比，这一地域的畜牧文化丰富且较为统一。这一地域的家畜中最具代表性的动物是马。马的起源地是黑海和里海北岸，所以当地对马的饲养比其他地域更显著，所以马是这一地域的代表家畜。马可作为优良的军事道具，因而这一地域形成了巨大的畜牧帝国。

在类型②的热带沙漠型干旱地域大量分布着阿拉伯系和柏柏尔系民族，他们虽然也饲养五畜，但骆驼是当地的代表家畜。

因为骆驼是撒哈拉和阿拉伯半岛这些辽阔的"灼热地狱"最常见的家畜。阿拉伯地区的马非常有名，所谓的阿拉伯马出产于18世纪末，比其更早的是东方的马种。最早饲养马的民族是西台人和喜克索斯人。将马用作战争工具的是阿契美尼德王朝时期的波斯帝国和亚历山大时期的希腊帝国。在穆罕默德死后席卷北非的伊斯兰军队的主要战争道具还是以骆驼为中心。

在类型③的热带萨瓦纳地域，非洲撒哈拉沙漠南部的富尔贝人和尼罗人、埃塞俄比亚高原的奥罗莫人和提格雷人，以及中南非的班图牧民的畜牧生活以饲养牛为主，五畜中的山羊、绵羊是附带的家畜，没有人饲养骆驼，马的数量也很稀少。

位于类型④的阿尔卑斯－喜马拉雅造山带的中东的绿洲型干旱地域的农牧业倾向于固定地饲养小型家畜。这一地域的显著特色是孕育了生产绒毯和陶器的工艺文化以及各种类型的商业民族，包括波斯语系的巴克特里亚族（大夏）和索格德族（粟特人）以及阿尔泰语系的维吾尔族。

各民族中，与波斯人和希腊人齐名的还有印欧语系的民族。但是，引进马文化的阿契美尼德王朝的波斯和亚历山大治下的希腊，都扩建了疆域包括从现今伊朗到土耳其半岛、南至埃及的强大帝国。

巴基斯坦到阿富汗、塔吉克斯坦、中国的西部、吉尔吉斯斯坦等中亚地区也是多绿洲的山岳地域，域内有兴都库什山脉、帕米尔高原、天山山脉等挺拔耸立，其中形成的山谷和盆地孕育了种类繁多的灌溉文化。希尔达利亚河流经的弗尔干纳盆地有兴盛的大宛国，阿木达利亚河上游的盆地有繁荣的大夏国和大月国。统治山岳地带全域的库萨尔王朝也非常强盛。在中国的西边，还兴起了高昌国和楼兰等绿洲王国。起源于中亚的帖木儿帝国（1370—1507），其疆域包括伊朗、阿富汗等地域，也是一个特别强大的帝国。

· 家畜文化的差异

　　相对于不同文明类型的特征，我们进一步观察并分析家畜文化的差异。关于不同家畜的使用方法，其特征如下。

　　马：是战争、移动、搬运等方面的优良道具，特别是在战争方面。

　　骆驼：是战争、移动、搬运等方面的优良道具，特别是在搬运方面。

　　牛：战争、移动、搬运的能力较弱，长着4个消化器官，可以消化多纤维含量的禾本植物，因此是草原上极具优势的食物生产来源，且能批量饲养。牛可以自行地远距离行走，因此可以赶往远距离市场贸易。牛还具有高昂的交换价值，可用作储蓄手段。

　　小型家畜（山羊、绵羊）：几乎不能在战争中派上用场，有短距离的移动能力，在搬运方面，只有极小的驮运能力（印度文明中曾以山羊为驾辕牲畜）。

　　然而，小型家畜成长速度快、繁殖能力强，因此是重要的日常食物来源；它们的皮和毛可用来制作绒毯和衣服，因而促进了工艺文化的发展。没有大型家畜的农耕民，通常也会饲养10—20头小型家畜。饲养小型家畜是饥荒时期失去大型家畜的牧民恢复牧群的过渡手段。

　　驴：不管是农耕民还是畜牧民，各家各户都会饲养几头驴来作为日常生活的驮畜。人们通常认为驴是农耕民的家畜。

· 四种类型的文明论的差异

对以上内容做一整理，可将欧亚非内陆干旱地域的四种类型绘制成下表（表4-1）。

表 4-1　欧亚非干旱地域文明的类型假说

类型		主要民族	卓越的家畜	军事能力	移动-搬运能力	文明的特征	宗教
中心干旱地域文明	①寒带草原型	蒙古	马	◎	○	大帝国，但城市文化不成熟	喇嘛教（佛教）
	②热带沙漠型	阿拉伯	骆驼	○	◎	大商业、都市文化	正统伊斯兰教
旁系干旱地域文明	③热带萨瓦纳型	富尔贝	牛	×	△	地区商业和中规模式国家的形成	边境伊斯兰教
	④绿洲型	波斯	山羊	×	×	地毯等工艺文化-小商业-农业文化	伊斯兰支流（什叶派）

①寒带草原型

批量养马的寒带草原型畜牧文化常凭借军事力量建立强大的帝国。靠骑兵在辽阔的草原上称霸的蒙古帝国和土耳其帝国就是典型，两个帝国都形成了以畜牧业为政治中心的文明。

然而，寒带草原地域也有"丝绸之路"这种靠双峰骆驼的商队穿梭往来形成的大型商业文化，贸易路沿线还兴建了大量贸易城市，索格德人、维吾尔人等商业民族在其中甚是活跃。在元帝国时期，世界首次发行了纸币，并在帝国内大面积流通。此外，沿着丝绸之路这一贸易路线，东部的佛教广泛传播，在贸易要点出现了龟兹、敦煌、喀什噶尔等繁荣的佛教城市。在西部，中亚的西土耳其斯坦等地域，伊斯兰文化蓬勃发展。过去的塔里木盆地是佛教文化盛行的场所，后随着维吾尔族的迁入，这一带开始盛行伊斯兰文化。

②热带沙漠型

大量饲养骆驼的热带沙漠型的畜牧文化凭借骆驼的移动－搬运能力常会形成大型的商业文明和商业城市文明。世界最大的撒哈拉沙漠就是被长距离贸易的路线网所连接的，在中转地的绿洲地带，建立了具有贸易职能的伊斯兰城市并且繁荣发展。市中心是贸易场所和清真寺的所在地，伊斯兰文化和商业经济的符号相互组合、共生，这样的城市文明最为兴旺。

骆驼虽也算军事力量，但相对于马，它的军事力量较弱。骆驼主要被用作商业贸易的移动－搬运道具。过去的热带沙漠地域也曾出现大型帝国，但是各帝国分散在不同地域，埃及、美索不达米亚、撒哈拉以南非洲等地域都曾存在过帝国。各帝国之所以相对分散，是因为热带沙漠气候极度干燥，导致生产力低下、人口稀少，广袤的沙漠覆盖在该类地域。各地域大大小小的绿洲和旱地河流流域形成了农业产量高、人口多却相对分散的中小型文明圈。然而，各文明圈与使用骆驼的商队文明相连接，逐渐形成综合型文明，这就是热带沙漠型畜牧文化的特征。

伊斯兰文化支配下的热带沙漠地域，因伊斯兰教要求的五功之一的麦加朝圣和使用骆驼的商业贸易活动，形成了相互融合的社会，但最终没能形成将撒哈拉贸易统一在内的大一统帝国。与之相反，从埃及至美索不达米亚、北非的马格里布、伊比利亚半岛，以及撒哈拉南部的非洲等地域，形成了各地域特有的帝国。

③热带萨瓦纳型

根据"富尔贝族圣战"，我们可以了解到强大国家的形成过程。那次"圣战"爆发在18—19世纪间，即便是现在，仍然有许多以养牛为主的富尔贝牧民过着游牧生活。东非的畜牧民族之间存在牧民相互争夺家畜的现象，有的研究将目光放在牧牛民族的好斗性格上，专门以他们的好斗性格为研究对象。有的研究却认为牧牛民族不饲养马和骆驼这类战斗型牲畜，他们并不好斗，他们当中的男性和女性大多性格温和，他们在游牧生活中有着防御意识，只要察觉到危险便迅速撤离。

富尔贝人要想建立国家，需要引进具备优良军事力量的马。富尔贝人最终也凭借马建立了伊斯兰国家，但是研究他们在战争中的表现时，发现他们并没有发动正规的战争便成功建立了国家，反而是通过赠送牛这种外交怀柔政策，取得了"圣战"的胜利。关于这一点，我认为是因为富尔贝民族对可用作军事工具的马的饲养和使用方法尚未纯熟。[3]

骆驼具备移动－搬运能力，是维持长距离贸易的家畜，但富尔贝民族没有饲养骆驼，所以也难以成为商业民。不过富尔贝民族饲养的牛本身颇具交换价值，并且牛还是可以随意行走的家畜，因此，富尔贝人借着贩卖牛可以随意参加到地域经济活动中，也成了振兴地域经济的先锋。

富尔贝伊斯兰国家的居民生活非常安定，也非常富足。19世纪，海因里希·巴尔特去到中央苏丹的索科托帝国，当时的商业城市卡奈（尼日利亚）的繁荣景象让他铭记在心，他的记载中称卡奈的居民是世界上最幸福的人（Barth，1965）。此外，18世纪时期，法国的探险家勒内·卡耶来到了马西纳帝国的商业城市——杰内，他对杰内干净的卫生状况和居民的时髦程度深感惊讶。

富尔贝人虽然没能形成统领西非的萨赫尔－苏丹全域的大一统帝国，但是他们在各个地域都建立了统一的国家，并在各地域形成商业圈。这些条件的形成，为西非居民的伊斯兰化起到了决定性的作用，因为各地域的国家经济与当地居民的生活有着紧密的联系。饲牛畜牧文化适于构筑地方性商业经济和地方性政治秩序。

④绿洲型

以饲养山羊、绵羊这类小型家畜为主的绿洲型畜牧文化，因地处绿洲，是一种农业比重大的畜牧文化。虽然此种畜牧文化不适于军事和大规模商业经济，但却适于发展使用小型家畜的毛、皮制作地毯的工艺文化，并以此形成了工艺商业文化。绿洲型畜牧文化是定居的畜牧文化。

马文化的运用，使阿契美尼德王朝的波斯帝国和亚历山大大帝的希腊帝国得以建立。

·两大畜牧文明——马和骆驼

通过以上分析，欧亚非内陆干旱地域文明的四种类型的前两种是主要的畜牧文明：即①的以马为主的寒带草原型畜牧文明；②的以骆驼为主的热带沙漠型畜牧文明。前者借助军事力量建立巨大帝国，后者借助商业经济力量形成城市经济文明。后者为补足军事上的薄弱，普及了伊斯兰文明。

另外，马和骆驼占比低的③热带萨瓦纳型畜牧文化和④绿洲型畜牧文化，由于没有引进马和骆驼，因此难以在军事和经济上取得主导权。

饲牛的富尔贝牧民虽然在18—19世纪间发起了建立伊斯兰国家的运动，却因逃跑速度快而为世人熟知。他们一察觉到危机临近，便迅速卷起帐篷逃至别处。这也是没有军事力量——马——的畜牧民一贯的生存方式。

古代犹太民族也曾在定居和游牧之间来回摇摆，原因同样是没有马。以山羊、绵羊之类的小型家畜为主的畜牧业，不仅在安全方面，在经济方面也极度不稳定。只饲养小型家畜，很难在政治和经济上取得安定。实际情况是：饲养小型家畜的畜牧民，在饲养大型家畜的畜牧民面前显得微不足道。

过去以马为主要家畜的蒙古民族，即居住在内蒙古地区的蒙古民族，现已形成以饲养山羊和绵羊为主的畜牧业。蒙古族靠山羊和绵羊是怎样征服世界的，对此我抱有疑问。一个家庭要想维持生计，每年必须从饲养的300只家畜中取100只卖掉，这让我大吃一惊。每年必须替换掉三分之一的家畜。若非如此，就不能很好地经营高风险的小型家畜畜牧业。

· 沿岸海洋文明

　　欧亚非内陆干旱地域文明还包括沿岸的海洋文明。其中心地域是中东地区南部的红海、波斯湾、印度洋，北部的地中海、黑海。当时的航船制造业、航海技术向可航行的内海和海洋沿岸不断延伸。因此，海洋航线的范围包括南部的波斯湾和阿拉伯半岛，东部的印度至印度尼西亚群岛，西南的东非到莫桑比克，直至马达加斯加。在北部的黑海和地中海地区，腓尼基人、希腊人、委内瑞拉人、阿拉伯人创造了繁荣的海洋贸易文明。从南、北、东三个方向管辖东地中海的奥斯曼土耳其帝国是地中海贸易的霸主，拥有强大的海军力量。

四　基于欧亚非内陆干旱地域文明论的进一步扩展

· 欧亚非内陆干旱地域文明论未论及的畜牧文明

　　我以非洲南部撒哈拉干旱地域的研究为线索，构想欧亚非内陆干旱地域文明的经过和对其内部结构做出的论述，其中还缺少许多内容。

　　这里首先提出的是三种没有论及的畜牧文化。

　　例如，喜马拉雅山脉和青藏高原到蒙古高原的畜牧业中，牛科家畜类的牦牛是高原地带除乳牛和肉牛外的驮畜，它也会被用于跨越喜马拉雅山的贸易。西藏和尼泊尔之间有着深层次的文化交流[4]。牦牛畜牧业从属农耕文化，也可视其为④阿尔卑斯－喜马拉雅造山带的绿洲型畜牧文化之一。

在非洲的中南部，孟加拉人和霍屯督人因饲养牛和山羊而为人们熟知。然而除去部分以外，他们的畜牧文化在某一时间点开始衰亡（田中，2008），取而代之的是欧洲人带去的大型牧场在当地的繁荣。另外，当地居民开始饲养牛、马、山羊，如今的布须曼人还会骑着马去狩猎（池谷，2006）。

欧亚大陆的北方寒带地区的驯鹿畜牧业。

考虑到各种各样的畜牧文化的存在，就不得不确立欧亚非内陆干旱地域文明论[5]。

这里我必须更加详细地考察并围绕家畜文化，展开历史变迁。

之前已经提到过，现今从事着以骆驼为主的热带沙漠型畜牧业的撒哈拉沙漠地区，那里于公元后首次引进骆驼，而骆驼普及的时代大约在公元4世纪，也可以认为撒哈拉文化随着骆驼的引进发生了变化。

位于热带沙漠型地域的阿拉伯半岛的阿拉伯马很有名。阿拉伯文化在西台、波斯、希腊等帝国的马文化影响下繁荣兴盛，马文化在历史上曾广泛传播。

汉朝时期的中国，中央为了对抗从北方压境的匈奴，曾派遣张骞到中亚地区，一方面想与大月氏结成政治同盟，另一方面想得到位于费尔干纳盆地的大宛国的名马。那种马流汗如血，能日行千里（500千米），被称为"汗血宝马"或者"天马"。但是大宛国拒绝了张骞的请求，因此汉朝派军至大宛并将其消灭，抢夺了当地的名马。以农业为主的汉王朝，为了引进马文化而倾尽全力。

因此，若想更准确地理解欧亚非内陆干旱地域的畜牧文明，需要做进一步考察。不过，以我提出的结构性论述为基础，详细地对各地域的畜牧文化的历史变迁进行重新审视的话，就能更加了解其结构的动态变化。

· 湿润森林地域的家畜文化

湿润森林地域的家畜文化也是必须论述的内容。如上一章所提出的，在受西海岸海洋性气候影响的欧洲和东南亚、中国南部、印度以及日本等亚洲季风型地域的湿润地域，同样有家畜文化存在。

亚洲季风型的亚热带地域最发达的畜牧业是饲养猪和水牛。以这类畜产的存在为基础来理解季风型亚热带地域的农业文化，可以在不偏向稻作文化论的同时，构建新的亚洲季风文明论。反观不饲养家畜的非洲和中南美的森林地域，虽然同是热带地域，饲养家畜的东南亚和印度在第一产业方面却极具优势。

在欧洲，除了猪以外，牛、马、绵羊和山羊都被大量饲养，并且诞生了近代畜牧的模范——牧场型畜牧业。这一点在湿润森林地域的农业文化中是特例。因此，若以这一切入点来研究欧洲的农业文化，确实是一种新颖的欧洲文明论。牧场型畜牧业，在欧洲殖民的南北美洲大陆、澳大利亚大陆的发展更加显著，而且这些地带是现今世界上家畜饲养业的中心地带。通过畜牧文明论的观点可以论述新大陆文明论。

除欧亚非文明论以外，南美洲饲养大羊驼和羊驼的畜牧业是之后该考察的对象。大羊驼和羊驼的畜牧业只能小规模展开，在秘鲁的莫切（Moche）发掘出的王陵中，羊驼是王的陪葬品，这似乎说明在南美地区的王权形成过程中，家畜是重要的构成要素。

／　注释　／

1. 例如，科庞斯的研究（Copans，1975）。
2. 对于这一观点，笔者针对沙漠化的防治的建议见多个著作（岛田，1992b，2001bc，2008b，1997等）。
3. 北喀麦隆的富尔贝伊斯兰王国有着灿烂的马文化，许多王宫的前面留有很大的空间，是为了让骑兵集合，或者让骑兵疾驰演习。但是，他们对马的呵护过度，导致在环境恶劣的马场中不能顺利地举行驱马仪礼。在他们的口头传承中，有反映步兵勇猛作战的内容，但是关于骑兵作战的内容很少。
4. 关于喜马拉雅地域的牦牛，见水野（2012）、森田（2004）等的研究。
5. 关于驯鹿畜牧业，见煎本（2007）、岸上（1998）等的研究。

第五章
欧亚非内陆干旱地域文明与人类历史

　　干旱地域对人类的诞生和形成起到了什么样的作用呢？关于干旱地域对人类文化和文明的形成所做出的贡献，我想追溯到人类的诞生，然后再进行思考。

　　一直以来，说起人类的起源，人们普遍认为人类的遗传基因与同属于灵长类的类人猿相似。然而在这里，我以干旱地域诞生的人类为视点，将人类重新放置在干旱地域固有的气候、植物、动物所构成的生态环境中，进而解开了人类形成的谜底。重点是植物学中的禾本科和豆科植物所构成的草原、生活在草原上的食草哺乳动物以及人类三者之间的关系，并因此有了惊奇的发现，即草原型植物环境和食草哺乳类动物几乎和人类同时诞生。据《牛的动物学》的作者远藤秀纪所称："地球的真正支配者是以牛为主的反刍亚目科动物。"

　　"哺乳时代，是对6500万年前的地球年代的称呼，当时地球平地上的支配者毋庸置疑是牛。虽然，猴类因聪明而进化到动物界的顶端，猫科动物靠着物种优势成为哺乳类动物的王，然而最开始将只生长着草的大地变为自己领地的是牛类。而且，在大地的舞台上，以食草动物为食并进化为令人吃惊的肉食性动物，具备这种能力的只有牛类。树上是猴类的天下，地下世界中也许有别的动物可以称王，但大地上的王绝对是牛类。"（远藤，2001：13）

"只长着草的大地"，即是以牛为首的食草哺乳类的生存地，也是人类诞生和形成的舞台。关于这舞台和人类的关系，我想从中考察人类的诞生和形成。

一　人类的形成与干旱地域——
人类直立行走与地球环境的干旱化

·人类起源于700万年前

通过最近在非洲乍得发现的古人骨，人们知道了人类大约起源于700万年前，过去属于人科人属，现在属于人亚科人族的人属（Brunet et al., 2002）。而在此之前，人们一直认为人类大约起源于450万年前。由此人类的历史一下子增加了250万年。人类在700万年间不断摸索（人类的主要种类有24种，在地上反复演进），直到现代人类的出现。人类诞生的谜底是直立行走。

被人类当作祖先的猿类，是栖息在森林地域的哺乳动物。哺乳动物大多会选择在草原定居，当中只有灵长类的猿类选择了森林。哺乳动物的猿类发现了新的栖息地（河合，1979）。多亏人类的祖先生活在森林中，人类由此获得了抓取物品的基础能力——手指的拇指对向性（大拇指可以和其他四指对合）、两眼视（两只眼睛观察外物，这样能形成立体图像，也能更准确地把握距离）。

然而要成为人类，还必须具备双脚直立行走的条件。

若能了解灵长类动物何时开始双脚步行，就能解开人类诞生的谜底。其中环境证据是存在的，人类不像其他灵长类生活在树林里，而是选择在草原生活。那么，人类又是如何在草原生活的呢？

· 各种人类

在此先整理一下人类的概念。因为随着人们对人类700万年历史的了解，人类的概念变得模糊不明了。700万年前的人类和现代人类可以被等量齐观吗？这是一个问题。

猿人是700万年前到200万年前生存的人类，一般被称为南方古猿，还包括名为罗百氏傍人（又名粗壮傍人）的一种。在乍得发现的700万年前的人类被命名为乍得沙赫人，然而乍得沙赫人只被当作是猿人的伙伴。但是，人们认为人族（Hominini）是从黑猩猩中分离出来，大约在630万年前到540万年前之间。也有人认为乍得沙赫人是人族和黑猩猩族的共同祖先。

最初用双脚行走的人类是猿人，猿人时代的双脚行走已经达到了一定的高度，几乎不能再有所进步。这就是猿人的腿一直很短的原因。猿人时代的脑容量也停留在了500立方厘米，是平均脑容量为1400立方厘米的现代人类的三分之一。猿人的大臼齿被坚硬的牙釉质包裹着，牙体巨大，吃东西的时候靠臼齿嚼碎坚硬的植物然后咽下去。其中还有一类臼齿更大的猿人已灭亡。

240万年前，人属的原始人诞生。人属中，原人和原生人类代替了南方古猿，被冠以"人类"的名称。人属分为原人、旧人和新人。新人就是被称为现代人的现今的人类。旧人包括尼安德特人（简称尼人）、海德堡人等人种，是与现代人类最接近的人种，也被认为是现代人的祖先，但也有反对这种观点的学说。

人属中最先使用道具的人种是哈比利斯人（发现者是路易斯·利基）。从哈比利斯人开始，人类的脑容量急剧增加，开始使用双腿行走，大臼齿迅速变小。由于头小而臼齿发达，脸型从坚固的欧姆斯比猿人脸型变成头大嘴小的萨比恩斯人脸型，但是身高仍比现代人矮。哈比利斯人常活动在东亚地区，成了后来的北京原人（约50万—60万年前）和匠人（约10万—100万年前）。

再之后，旧人诞生了。尼安德特人（约3万—30万年前）只在欧洲生存，活动范围没能扩展至整个地球。

活动范围扩展至全球的人种是约20万年前登场的新人——萨比恩斯人。这是1987年夏威夷大学的坎恩等人通过对女性遗传基因的线粒体DNA的分析得到的结论。他们认为现存人类的祖先是女性，并追溯至诞生于大约16万年前左右（误差约4万年）的第一位女性——伊娃（Cann et al., 1987）。之后，萨比恩斯人在大约10万年前离开非洲抵达中东，5万年前开始在欧亚非大陆扩张，3万年前越过白令海峡进入新大陆。

人类和其他生命体的不同之处是相对于其他生物体而言只分

布在地球上的某些特定环境。人类可以均匀地分布在全地上。这
是因为人类形成了可适应各种环境的文化机制。明显具备这种
文化能力的人种是萨比恩斯人。关于萨比恩斯人，如拉斯科洞
穴的岩画所呈现的那样，他们创造了灿烂的艺术文化和宗教文
化（Anati，2003）。而且，萨比恩斯人这一人种，除了南极以外，
分布于地球上的各个角落，这在他们的20万年历史中是比较稀
奇的。

有关猿人、原人、旧人、新人的关系如图5-1所示。图中延
伸的纵轴代表人类在地球上各地域的扩展程度。

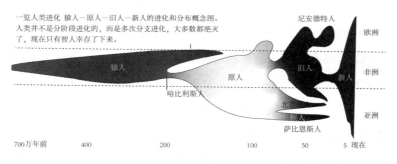

图5-1　人类进化图（猿人—原人—旧人—新人）
（马场悠男，2005；Coppenns/Picq，2001）

· **东边故事——科庞的人类诞生假说及其颠覆**

最近备受人们关注的关于人类的双腿步行起源的假说是法国
人类学者伊维斯·科庞的东边故事说（Coppenns，2001）。

目前的人类遗骨是在东非出土的。东非靠近赤道，靠近赤
道的地带一般都被热带雨林覆盖，而东非的赤道地带却是草原覆

盖。原因是大约800万年前，非洲大陆中央的东部顺着南北纵向，东西分裂为"东非大峡谷"。这个峡谷也连接着形成于非洲大陆和阿拉伯半岛间的红海。非洲大陆的岩层是又旧又坚硬的岩层，根据大裂谷的形成，非洲被称为"隔断的大陆"（诹访，1997）。裂谷的四周是火山活跃的地带，并形成了许多山地。因此，山地阻止了西刚果盆地的湿气东移，导致裂谷地带东侧的森林减少，灵长类动物只能留在草原，结果导致灵长类动物进化为双腿行走。这就是科庞的东边故事说。

最近，同为法国学者的米歇尔·布鲁内等人在大裂谷西侧的乍得湖附近发现了更早期的人骨，布鲁内认定其为约700万以前的人骨（图迈猿人：生命的希望）。这个发现颠覆了科庞学说的许多理论（Brunet et al., 2002）。因为大裂谷西侧的乍得地带的干旱化与大裂谷的形成毫无关系。只是后面的700万年间，地球的气候反复变动，才出现了科庞所说的"东边"的干旱化。科庞的学说在这一点上更为有利，但是关于人类诞生的说法不够充分。

· 人类诞生期间的地球寒冷化和森林面积的缩小

那么，如何判断人类的起源呢？

在干旱地域和人类历史的关系基础上，有更加耐人寻味的事实。人类诞生的时期正好处于地球的冷却期。图5-2是6000万年前灵长类诞生开始的地球温度变化图。6000万年前，地球的温度不断变冷。600万—700万年前人类诞生以前，在南极形成冰河之后，地球进入了冰河时代。之后，就是著名的五大冰河期（多瑙、古萨、里斯、民德、沃姆）的更替，地球持续变冷。人类的时代也就是地球的寒冷化时代。

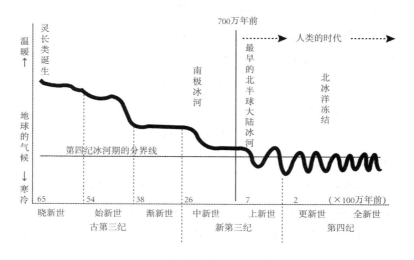

图5-2　6000万年间的地球气温变化和人类的形成
（长谷川，1998；格列文、查法斯，1984）

　　还有更重要的事实，即冰河期是地球的干旱期，是地球上的森林迅速减少、沙漠和草原面积扩大的时期（箕浦，1998），尤其是禾本科植物和豆科植物在当时大量生长。禾本科植物长着许多细根，因此，在土地干旱和短雨季能吸收大量养分和水分。虽然在干旱的气候下二氧化碳浓度低，光合作用的效率也会降低，但是玉米和杂谷类禾本科植物的C4植物（比C3植物能发挥更强的光合作用）获得了浓缩碳素的机能。因此它们比C3植物更能适应干旱地域。通过同位素对比来分析以禾本科植物为食的马的牙齿，可知在600万—700万年前半中新世的墨西拿期，马的食物有迅速变为C4植物的倾向。这意味着那个时代是禾本科植物的草原面积加速扩大的时代。地中海在600万年前同样几乎是干旱的（Xiu，2003），因海水的蒸发，海底形成了苦灰岩、石膏和岩盐层（墨西拿盐分危机）。

　　这里集中介绍的是禾本科植物和豆科植物为人类形成起到的作用。形成干旱地域草原的主要植物是禾本科草本植物，如果栽培这种植物的话，它们可作谷物农业的作物，也进一步催生了将禾本科草原上生活的野生食草性哺乳动物驯化为家畜的畜牧文化。豆科包括大豆、落花生、班巴拉豆等，这些植物在干旱地域与禾本科植物一样成了栽培作物。四叶草和紫花苜蓿是优良的牧草。干旱地域还有很多麝香葡萄乔木和灌木。

　　地球的寒冷化始于更早的时期，灵长类的猴子诞生于距今约6500万年前，当时热带森林覆盖着的北美大陆。之后，地球的寒冷化和干旱化推进，北美的密林消失，变为了沙漠。因此，猴子从森林迁徙到了欧亚非大陆，并进化成了高等灵长类。然而，寒冷化和干旱化也蔓延到了欧亚非大陆，使大多数灵长类走上了灭绝的道路。尤其是在1000万年前以后，灵长类的种数急剧减少。灵长类从欧洲开始灭绝，只剩下非洲和东南亚热带雨林的一部分，有大猩猩、黑猩猩、猩猩、长臂猿等种类残存（埴原，2004）。猿人变成了类人猿，开始活跃在干旱的大地上。

　　然而猿人在之后的进程中充满了困难。首先，700万年前以

后，地球的气候持续性变冷。256万年前，地球进入第四纪的更
新世，后者被认为是冰河时代。100万年前以后，地球气温持续
降低，三次冰期相继更迭。图5-3是最后的冰河期——沃姆冰河
期的最冷时期，2万年前地球的植被状态。当时地球表面的平均
气温比现在低5度以上，非洲的热带雨林大部分都已消失，沙漠
和草原大面积扩张，海平面比现在低将近100米，红海和阿拉伯湾、
白令海峡还是陆地，印度尼西亚、欧亚非大陆、澳洲大陆和新几
内亚正持续露出陆地（茅根，1996）。

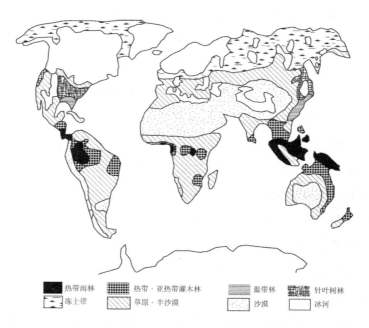

图5-3　2万年前地球的植被图（茅根创对1996版简化后再次制作的图）

　　在这里想特别强调一下，门村浩和堀信行等发现了非洲的热

带雨林在过去大量消失，他们所在的热带地理学小组研究对此做过巨大贡献。堀信行在喀麦隆的热带雨林地层中发现的碳化层和旧石器是一个关键，意味着这片热带雨林在过去经常发生烧荒现象，说明当时的人们在生活中常使用火，还说明撒哈拉曾经出现过生长植被的湿润期。[1]

随着冰河时代的到来，草原和沙漠面积扩大。一部分生活在森林里的类人猿必须使用双腿行走，也可以说是它们选择了双腿行走的生活。可是，这个时期也有许多类人猿仍生活在森林里。无论如何，比起大裂谷形成所带来的干旱化，更大规模的干旱化正袭击全球。结果，一部分类人猿必须选择双腿行走。若非如此，只能坐以待毙。然而，在禾本科植物蔓延的草原上寻找食物的有蹄类食草哺乳动物开始大量繁衍。食草哺乳动物具备食草性、暖暖的皮毛、恒温性、在温暖的胎内孕育幼畜的胎生性等条件，可以适应寒冷地域和干旱地域。食草哺乳类是能完全适应地球的寒冷化和干旱化，并且仍持续繁衍的动物。

与森林面积的缩小－减少成相反比例，蔓延的禾本科草原和食草哺乳类的种类分化持续增大。适应干旱气候的植被（以禾本科为中心的草原）和动物相（以禾本科草本为食的有蹄类）在形成时相互影响、共同进化。这不就是当时部分灵长类进入草原并决定在草原安家的例证吗？人类开始使用工具狩猎的时代是更往后的事情，狩猎初期只是寻找一些腐肉，初期的人类靠着食草哺乳动物在草原上过着双腿行走的生活。

地球的寒冷化、干旱化的持续，并不会直接导致草原的扩大和食草哺乳类的增加，适应寒冷化、干旱化这一气候变动的新植被和动物相的形成需经历漫长的岁月。变成家畜的牛、马、骆驼、山羊、绵羊等动物的原生种类出现于200万年前，也是更新世的冰河时代出现的时代。根据推测，初期的人类有发达的大臼齿，他们会采集各种植物的叶和茎、果实等来食用。猿人的相貌特征是吻部突出，与长着大下巴围的黑猩猩和大猩猩的相貌相似。不过，此时草原终于迎来了食草哺乳动物遍地的时代。

面对这样的时代，人类也制定了以狩猎为中心的新的适应战略。这不正与新人类的创造有关吗？[2]然而这并不是一个简单的进程。

二　人类在地球上的扩散运动与干旱地域

·人类在地球上的扩散

从700万年前诞生的图迈猿人（撒海尔人）到现代的智人，不同的人类在摸索中屡屡失败，反复上演着诞生和灭亡。主要的人种有南方古猿、哈比利斯人等原人，还有旧人尼安德特。总共24种，他们诞生又灭亡。期间，食草性猿人的罗百氏傍人（又称粗壮傍人，Paranthropusrobustus）也由生至灭。其中也有原人和尼安德特人等走出非洲的人种，但没能扩散到全球。

20万年前，终于诞生了现代人的祖先——智人（据线粒体DNA的分析显示，时间在16万年±4万年前）。智人也曾在非洲长期滞留。智人从非洲出走，到达欧亚非大陆的时间大约在10万年前。

大约5万年前，智人在欧亚非大陆的全域扩散，在3万年前越过白令海峡到达新大陆，在11 000年前到达南美南端，在2000—3000年前渡到太平洋的众岛屿上。从此，人类遍布了地球的每一个角落。人类在地球上的扩散是人类史上的革命。

但是，关于人类到达北美的年代，有着不同的推断，时间段在1.4万年前到4万年前左右。

也有研究表示，人类是从太平洋乘船来到北美，或者是从欧洲出发抵达北美的（埴原，2004）。

·人类发展的三个阶段

这里对人类长期错误摸索的进程做一个理论断定。这个进程的结构分为三个阶段。

第一阶段：猿人存在的200万年前到700万年前。

第二阶段：约240万年前，哈比利斯人开始出现的原人时代。

第三阶段：20万年前诞生的智人（最早的智人骨是16万年前的）和5万年前诞生的智人在地球上的扩散。

·人属的诞生和食草哺乳类的诞生

第一阶段，我认为当时的地球因寒冷化和干旱化而出现了新的环境，人类为了适应新环境而反复摸索错误。人类开始双腿行走但还不能完全直立行走，脑容量很小，食物中植物占比重大。

人属（种类名称前加上Homo）诞生的第二阶段，被称为人类历史上的第一次革命。原因是人属的诞生是人类进化史上质的飞越。人属就像哈比利斯人（器用人）这一名称所象征的那样，明显地具有制作和使用工具这一人类特征。只有具有灵巧的拇指对向性的手指，才能进入人属的阶段。另外，人属的脑容量增大，在直立双腿行走上也大有进步，大臼齿有明显的缩小。接着，原生人类成功地出离非洲，扩散到印度尼西亚和中国。据埴原和郎所称："猿人虽是人类，但只处于创造文化并在文化环境中进化的人类以前的阶段"（埴原，2004：91）。

人属诞生的时代相当于地质学上的更新世（1万—250万年前），北半球的冰河（冰河覆盖山岳和平原）厚实，地球处于明显的寒冷化时代。而且地球上的草原和沙漠面积不断扩大，食草哺乳动物也不断增加。这是哺乳动物史上划时代的阶段。原因是，这一时期是现代畜牧动物的原生种类——马、骆驼、牛、山羊、绵羊等动物的诞生期。

人们认为家畜牛的祖先是野生的原牛（Bos primigenius），诞生于距今约200万年前。据动物学者介绍，原牛以含二氧化硅粒子和纤维素的禾本科植物为食，是进化相当成熟的动物。牛这种拥有四个胃、反刍消化的动物，是该物种进化的顶点。《牛的动物学》的作者远藤秀纪指出，真正支配地球的动物是以牛为中心的反刍亚目动物。为什么这么说呢？只有充分理解了"最初只生长草的大地"在地球的历史中是全新的自然环境之后，才能这么断言。大多数的草都是禾本植物。

马的原生种的诞生期也在大约200万年前。马的祖先——始祖马（Hyracotherium）最初只生活在美洲大陆的森林中，是体型只有狐狸那么大的哺乳类动物，于250万年前越过结冰的白令海峡，来到了欧亚非大陆，进化成了能适应草原的食草性大型动物，又进化成现代的马（Equus）。在森林生活的马，肩高不超过30厘米，是小型动物，前腿有4根脚趾，后腿只有3根。随着森林的减少、体型的变大，中指成了三根脚趾中最健壮的，也由此适应了草原的生活，进化成了肩高1.5米的单脚趾的马，也就是后来用脚尖走路的马。马的速度之所以快，是由于其脚趾只有一根，并且用脚尖走路。

骆驼，最初也是生活在美洲大陆的森林地带的小型动物。约二三百万年前，骆驼来到了欧亚非大陆，变成了耐干旱的现代的骆驼种。因此，骆驼既是食草性动物，也保有很强的叶食性特征。

生息地从森林环境转移到草原环境并进化成食草哺乳类的牛和马等动物的进化，其过程记录在骨标本上，埃塞俄比亚的亚的斯亚贝巴博物馆中，收藏了这些骨标本。这个博物馆于1974年发现的被称为人类最早的祖先——女性露西的骨标本，也藏在这个博物馆中。

牛、马、骆驼是在人类诞生后的新时代诞生的，这是一个令人震惊的事实。由于人类是灵长类的一部分，所以灵长类被认为是一种新诞生的物种，早在6000万年前灵长类就诞生了。说到最近诞生的物种，食草哺乳动物的诞生期是最近的，比人类的诞生更近。这样，生活在草原和沙漠的牛和马等动物诞生以前，人类在干旱地域草原取得了飞速发展，顺利地从猿人阶段过渡到人属阶段的原人，谱写了人类进化的新篇章。

　　人类一直被认为是灵长类动物进化的延伸。如果这样考虑的话，把人类看作是猿和黑猩猩等灵长类的伙伴，从人类生存的生态学体系来看，更应该视食草哺乳类、禾本科植物、豆科植物等为人类的伙伴。从寒冷化和干旱化持续的700万年前到现在，人类、禾本类植物、豆类植物、食草哺乳类都是在同一个地球环境中持续发展，是共同进化的生物，是在同一个生态系统中共生，这是公认的。人类以外的灵长类是生活在湿润的森林环境体系中的动物。

· 智人的诞生及其在地球的扩散

　　随着食草哺乳类的诞生，干旱的地球环境成了人类的食料宝库。人类成了优秀的猎人，发展了人类的文化，人口飞速增长。然而100万年前，地球的气候更加寒冷，迎来了三次冰河期。随之而来的是地球持续的干旱化，冰河期的地球森林大面积减少。原人、旧人在这一时期灭绝了一大半，最后的旧人——尼安德特人虽然具备适应寒冷气候的各种机能，在第五次的沃姆冰河期（1.5万年前—7万年前）的顶峰时期到来之前，也遭遇了灭绝。

　　智人在20万年前诞生，人类来到了第三阶段的入口处。之所以说是入口处，是因为人们认为真正的第三阶段是智人在地球上的扩散，这经过了很长时间。10万年前，智人顺利地离开非洲，抵达欧亚大陆。智人在欧亚大陆大面积扩散的时期是大约5万年前，越过白令海峡抵达新大陆的时期大约在3万年前，1.1万年前越过了白令海峡到达了南美的南部。

　　智人在地球上扩散时正赶上了地球最严酷的第五冰河期。2万年前最寒冷的时期，北美大陆北部、欧洲北部覆盖着厚度达3000米的冰床，撒哈拉到中东、中亚的欧亚内陆全部是沙漠。沙漠和冰河之间的狭窄空间是人类生存的环境吗？然而，智人度过了沃姆冰河期，一直延续到现在（奥本海默，2007；维德，2007）。

　　与之前的人类不同，智人的特性里包含着超越第四冰河期的智慧和技术。例如，尼安德特人使用的石器和智人使用的石器在多样性上有着显著差异（赤泽，2000）。尼安德特人在日常生活中只使用少量种类的石器，与之不同的是智人发明了多种石器，这足以说明智人足够灵巧。其他方面，智人加工动物的皮毛并穿在身上，生火取暖，烹煮肉食。这些令人意外的智慧和技术，能显示出智人的特性，但关于他们特性的考察还不够详细。

　　人类在地球上的扩散运动，还有许多谜底，如出生在非洲的人类是如何离开非洲的呢？因为要抵达欧亚大陆必须翻越撒哈拉沙漠，翻越草原当然是可以实现的，但是要徒步翻越没有水草的沙漠是不可能的。

　　关于这个困难点，有的学说认为出生在非洲的智人是沿着阿拉伯半岛南边进入欧亚大陆的（Forster/Matsumura，2005；篠田，2009）。地球的气候史上出现过特别有趣的事件。一般认为人类离开非洲的时期在大约12万年前，当时地球上出现了短暂的温暖期，也可以确认当时存在过湿润期。

　　沃姆冰河期结束后，6000年前到9000年前出现了温暖－湿润期，那时的撒哈拉地带出现了植物。这个时期，留下了许多描写牧民和野生动物共同生活的岩画和线刻画，可以就此推测12万年前这里经历过湿润期。若是这样，智人是可以穿越绿色的撒哈拉的。

阿尔及利亚的撒哈拉沙漠西部的中央变成了低缓的平地。因此，有图瓦特等绿洲分布，这个广阔的低缓平地是湿润期的撒哈拉的巨大湖沼地带，它的残留痕迹，可以在马里最北端沙漠里的塔加扎-陶德尼岩盐矿山见到，过去的盐分沉淀、堆积在那一带的湖沼中，形成了广阔的岩盐层。因此，阿尔及利亚的沙漠中，巨大的硅化木以大树的形态横亘在沙石中。虽然这些硅化木诞生的年代难以确定，但它们是撒哈拉出现过植被的证据，也证明了当时的撒哈拉长出了许多茂密的大树。地球的历史中既出现过让撒哈拉变为绿色的湿润期，也出现过令森林全部消失的干旱期。

若是进一步考察地球的气候变动，就能更详细地了解人类在地球上的扩散运动。现今的人类遍布全球是靠智人的扩散。从一未涉足之地（开拓）到另一未涉足之地（开拓），这种扩散运动也是现代人的运动之一。8世纪时，富尔贝畜牛牧民从非洲的西部向东部持续迁移，他们当中的一部分人至今还在向着新天地迁移。分布在非洲中南部的班图民族如今还保持着扩散。为了开拓进取，欧洲人移民到新大陆，也是一种开拓探索运动。

· 生命的两大冒险

这里再次对之前介绍的关于生命进化的过程做出论述。过程共有两步，第一，从海洋进入陆地。第二，从陆地的温暖环境进入寒冷干燥的环境并且适应。原始的生命诞生于海洋，从进入水分稀少的环境起便开始持续进化。

换句话讲，生命的历程就是两次重大的冒险。第一次是生活在海洋中的生命向干燥的陆地移动。第二次是从湿润的森林向着干燥的草原和沙漠移动（图5-4）。

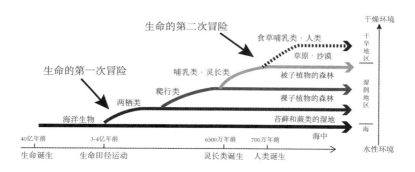

图5-4　生命的两大冒险

对于生活在海洋里的生命来讲，进入陆地意味着进入与之前的生存环境完全不同的新环境，生物必须进化出全新的生命构造和生存样式来替换之前的，是一次重大的冒险。然而因这种移动，生命发现了新的生活环境，并且进化成了陆地生命。

对于生命来说，向着干燥环境的移动，是与第一次大冒险等同的又一次冒险。

由此，适应了干旱地域的草本植物和食草哺乳类发生了突破性进化，同时，人类也开始了大进化，这是被普遍认同的。这种进化对于灵长类来说，也是面对地球上沙漠－草原不断扩大的干旱地域的一种危机应对。对于长久生活在森林的灵长类，沙漠－草原型干旱地域的扩大意味着它们生活基础的消减和缩小，是一个生死攸关的问题。

· 从"湿润森林型生态系统"到"干旱地域型生态系统"

　　人类诞生于700万年以前的时代，当时的地球环境是显著的高温高湿度的湿润森林环境，其中有动植物适应和生存。对这些内容进行梳理，可以确立"湿润森林型生态系统"。然而到了700万年前以后的时代，地球环境持续低温化，甚至形成了冰河，以沙漠和草原为主的"干旱地域型生态系统"开始扩大（图5-5）。其结构成员是植物中的禾本科、豆科和以禾本科、豆科为食物的马、牛、骆驼、绵羊、山羊等动物的原生种为代表的食草哺乳动物，以及人类。

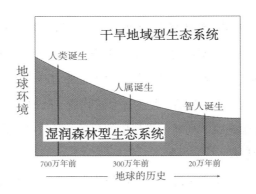

图5-5　从"湿润森林型生态系统"到"干旱地域型生态系统"

　　人类，虽在系统上与猿、黑猩猩、大猩猩同属于灵长类，但从其生活的生态环境系统来看，更像是马、骆驼、牛、山羊、绵羊等食草哺乳动物的同类。猿和黑猩猩等灵长类是生活在"湿润森林型生态系统"中的动物，与人类生存的"干旱地域型生态系统"完全不同。当然，人类后来也进入了"湿润森林型生态系统"，但将其视为新的适应形态更为恰当。

　　顺着以上的思路，可以确定马、牛、骆驼、绵羊、山羊等食草哺乳动物是比猿、黑猩猩、大猩猩等灵长类更新的进化物种。栖息在森林中的灵长类随着"湿润森林型生态系统"的消减而遭遇毁灭，食草哺乳类则随着"干旱地域型生态系统"的扩大而诞生并发展壮大，但也因为这个原因，它们变成了人类的食物。

　　这种观点，为研究人类的人类学者提供了一个解决难题的思路。

　　人为何物。传统的观点认为人是构成人猿总科的构成之一，是人科、猩猩科、长臂猿科三科中的人科。猩猩科（Pongidae），包括大猩猩属、黑猩猩属和猩猩属。这种分类方法把人和类人猿区分开来，是一种与我们的常识对应的方法（图5-6）。

　　后来，有了先进的DNA分析法，对之前的分类方法提出了深刻的质疑。根据新的分类法，首先把人猿总科（Hominoidea）分为长臂猿科和人科两种。接着把人科分为猩猩亚科、大猩猩亚科、人亚科（Homininae）三种。最后把人亚科分为人族和黑猩猩族。人族就是我们人类的所属，黑猩猩族是黑猩猩和倭黑猩猩的所属。总而言之就是之前将人科和猩猩科列为同属，新分类方法将人族和黑猩猩族列为同一亚科（图5-7）。

图5-6　人猿总科的传统分类（里雷斯福德，2005）

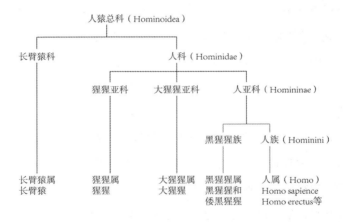

图5-7　以遗传的类缘关系为根据的人猿总科分类

根据以上内容，人被列为人猿总科和人科人亚科的人族，再也不能说人是人科生物了。说到人，不单指我们人类，大猩猩、黑猩猩、倭黑猩猩、猩猩都属于人科。人亚科也不单是人类，包括人族之外的黑猩猩族。人族是旧分类方法中的人，也就是一般通用概念中的人类，所以，当问起人到底是什么、人类是什么的时候，根据定义，必须明确类人猿也是人类的一种。

人类的分类问题该怎么解决呢？通过里雷斯福德的整理可以得出结论（里雷斯福德，2005）。里雷斯福德指出：分类的正确性由分类的目的决定。若以明确"进化的类缘关系"为分类目的的话，根据遗传基因的分析得出的最新分类方法就是正确的。但如果以重视"适应"的分类体系为目的的话，传统的分类方法就是正确的。这也承袭了今西锦司的"生活形"的分类方法。

本书中关于人的概念，也是一种重视对环境的"适应"的概念，必须明确海洋中的生命生活在海洋生态系统中，陆地生命生活在陆地生态系统中。如此，明确人是陆地生态系统中的"干旱地域型生态系统"的生物不也是应当的吗？这正是我的观点。

这种理解方式对于人类的进化必须做动态性考察。因为人类为了适应自身生存的生态系统不断地进化。"干旱地域型生态系统"本身也发生了很大的变化。为了顺应这种变化，人类从猿人进化到原人、旧人、新人。

再者，依据畜牧和农业的发明、都市－国家文明的形成、产业革命的到来等人类的文化创造力，人类的生活环境被创造并发生变化，如此考虑的话，只能说人类的生存环境系统并不是自然生态系统，而是文化生态系统。

这表明生命曾有过第三次冒险。即人类人为地创造文化－文明环境。我等萨比恩斯人生活在其中并且完成了这次冒险。这次冒险是成功还是失败，现在还不能下定论，接下来我会具体地分析第三次冒险。

三　人类文明的形成与干旱地域——
家畜文化和城市国家文明的形成

· 重视生产力的文明史观

　　大约一万年前，最后的冰河期结束，人类迎来了新时期革命的时代，进入了畜牧和农耕的时代。彼时，人类并不是靠享受自然的恩惠过活，而是在生活中对自然做了各样的改造。大约在5000年前，人类迎来了以都市和国家为中心的文明时代。西方语言中的"civilization"一词的词源是拉丁语中表示都市和国家的"*civitas*"。因此，在西方，称呼人类形成都市和国家的时代为文明时代。

　　以形成都市和国家为印记的文明时代，在人类历史上有着以下三种特征。

　　①除农耕、渔业、畜牧等第一产业者外，工艺等第二产业者，从事商业和宗教、政治的第三产业者也开始出现，是社会分工和商业活动全部出现的时代。

　　②社会组织从以血缘关系为中心变为以地缘为中心，从平等的社会关系变成不平等的阶级关系。

　　③文字文化形成，使用文字的学术、思想以及宗教活动开始出现。

　　那么这种文明是如何形成的呢？目前为止具有说服力的理论认为，足量的第一产业超过了生存所必需的消费量，生产有了剩余。剩余的生产养育了第二产业和第三产业的人口，也促进了文明的形成。

这种理论的另一面就是太注重"生产力的剩余"。

· 从单线的迁徙和扩散到双向交流

从人类在全地球环境的迁徙来看，人类历史的第一步是停留在非洲的时代，第二步是人类进入欧亚大陆、扩散到欧亚大陆全境，进而扩散到新大陆和太平洋诸岛的时代。

此后，人类迎来了第三次革命，步入了之前人类未曾开拓的新领域，走上了单线扩散的历史道路。在一个偶然的时间点，分散到各地域的人类开始重新交流。伴随着人类的再次交流，各地域的社会和各民族间开始了商业贸易和文化交流，随之也形成了靠军事力和警备力维持交流的国家机制，在交流的连接点还形成了都市。

以人类的迁徙历史为切入点来看，可称为人类文明形成的人类历史的大革命，人类迁徙历史的形成基础是单线的"扩散时代"向双向的"交流时代"的转变。由此，各地域和各民族、各部族间展开了文化的、社会的交流。然后形成了阶级社会的城市－国家。

因此，都市的存在不是一个点，其后盾包括广阔的地域、超越各部族和各地域的商业经济网，以及可保障商业经济网安定的政治秩序。初期的国家以都市国家的形态成立，其政治经济的支配范围抑或是后腹地，越过城市的城墙而扩张。若非这样的话，都市就不能积累财富，也不能养活第一产业者以外的非生产人口。

·促使文明形成的大型家畜的作用

这种意义的文明形成最容易出现在欧亚非内陆的干旱地域。原因是，干旱地域有骆驼、驴等大型家畜，可作为驮运移动手段来维持长距离贸易。同时，这些大型家畜也可用来维护广大空间内的政治秩序。再者，这些大型家畜是优良的军事战斗手段，在扩大领土范围方面可以发挥作用。尤其是马，是非常优秀的军事道具。此外，河运和海运的出现，更有利于文明的形成。实际上，美索不达米亚、印度和埃及等古代文明不仅得益于底格里斯河、幼发拉底河、印度河、尼罗河的水运业，也得益于以骆驼、马、驴以及牛为道具的陆地贸易。

另一方面，干旱地域内的各小地域的生产量并不高，也可称为贫乏。因此，分布在干旱地域的多数中小地域，有着强烈的与其他地域进行经济交流的需求。我曾经长年调查的马里的杰内，过去是撒哈拉贸易的末端据点城市，是繁荣的伊斯兰贸易城市。现在，杰内已经失去了作为国际化贸易都市的机能，只是到了每周一的定期集市日，杰内的清真寺前的广场上会有许多地摊。开放地摊，并不是为定期集市日设立的专门的露天商店。街里的人、附近村庄的居民在马车和驴车上装载许多货物来赶集，也有将货物顶在头上来赶集的人。在集市上有各种各样的小地摊。其中有许多女性，把种类不同的商品都带到集市。她们铺开一块一平方米的布，在上面摆放田里出产的蔬菜、青椒堆、西红柿堆、花生堆。也有的女性只在布上摆20来块手工香皂。附近的大叔们常常带着五只鸡捆成的整捆在市场上转悠。一只鸡的售价约等于

1000日元。我有时候一次买一捆，是为我的"家族"（说是家族，其实是七八个家族结婚或一夫多妻的家族团体）买的，卖鸡的大叔对此知情。看他们的"买卖"，与其说是为了挣钱，倒不如说他们很享受这种小型市场。在市场里摆地摊，为附近的亲族和近邻提供了互相认识的机会。也许在市场里边闲聊边交换信息才是他们最期待的。这样做买卖，是妇孺皆知的生活方式。在人来人往的小商场买东西很方便，因此在地摊市场上基本能买到日常生活的所有物品。

按照这个观点，在文明的形成中，"生产力的剩余"不一定是必要的。从任意一个干旱地域来看，都容易出现生产力不足的情况。所以，干旱地域需要的是广阔范围的经济、社会、政治的连接。某些地域出现饥荒，但对其他地域来说也是进行商业活动的契机。因生产力的不足和不稳定，干旱地域需要更多的交流，因为这种交流切身地关系到人们生活的每一面。无论是老幼还是男女，都乐意去小型商场做买卖。

在湿润的森林地域，以同样的面积来比较的话，生物量和食物生产量比干旱地域要多很多。但是，狭窄的地域也因此更容易自给自足，马和骆驼等作为移动、驮运、军事手段的大型家畜在森林地域也很少见。因此，在森林地域，各地域是相对独立的，无论贸易的发展还是政治支配范围的扩大都是困难的。

大型家畜，是人类可自由且大规模利用的自然能源。

在石油、煤、天然气等化石能源被使用之前，人类首先使用的燃料是薪炭这种植物能源。燃烧薪炭做饭、制作陶瓷器、锻炼金属、通过冶炼加工金属制品。还有靠水力和风力行船。

人类最大的能源或许是家畜能源。即使是现代，能源单位也是以"马力"这个马能源单位为标准而设置的单位。马能源既作为移动驮运使用，也作为军事力使用。大型家畜被用作耕作的拉犁家畜来开拓田地以及深井取水。拥有并使用动物能源的地域或民族变为都市和国家的建设者以及文明的建设者。

· 灌溉文明和贸易网

干旱地域的农业生产力也是很强的。在湿润森林地域，由于只有砍倒树木才能扩大耕地和牧场，所以土壤消耗迅速，维护耕地困难。但是在草原覆盖的干旱地域，开拓生产地是非常容易办到的。干旱地域的土壤比湿润地域的土壤养分更充足，维护耕地也更容易。干旱地域农业的生产物不包括薯类，主要是禾本科谷物和豆类等种子作物。种子作物，与多含淀粉的栽植作物相比，含更多的蛋白质、维生素、矿物质等成分，营养丰富多样，等重量比下营养价值更高，也更利于储藏和保存。因此，它们成为人类食物的主要组成部分。

再者，干旱地域有河流优势。干旱地域河流是流量变化迅猛的季节性河流。到了洪水期，洪水覆盖流域；到了枯水期，水量消退，流域内易形成泛滥平原。干旱地域适合自然灌溉，也利于使用人工灌溉设施。干旱地域河流流域的泛滥平原，能变成高产的农业基地和畜牧基地。而且，泛滥平原有渔业资源，还能发展船运。对于干旱地域河流的丰富性，我曾在绕撒哈拉沙漠流淌的尼日尔河三角洲地带目睹。埃及和美索不达米亚、印度、中国等古代文明，都是在干旱地域的大河周边成立的。

然而，在广阔的干旱地域空间中，河流不过是一条细线。干旱地域的文明不仅仅以干旱地域河流流域为基础，其背后还有家畜的驮运力结成的广大的贸易网，和以家畜的军事力维持的政治秩序。

将目光放到干旱地域的灌溉文明，干旱地域除了有孕育古代四大文明的四大河流外，还有许多大大小小的河流和绿洲。此外，还要重视不同地域的生产据点和文明中心起到的作用，以及促使其发挥作用的地域物流网的存在。维持地域物流网的是家畜的移动驮运力，多数的中小型灌溉文明中心因家畜力结成的商业贸易活动而相互连接，在欧亚非内陆干旱地域全域筑成了商业贸易网。

这甚至可比拟现在的互联情报网。操作终端电脑的个人信息就算再少，因个体间的连接，互联网也能发挥出更强大的作用。同理，生产据点结成的商业贸易网里，单个据点的贸易量虽小，但全体的贸易量是庞大的，集结形成大型的商业贸易活动。

在欧亚非的干旱地域，许多大型帝国被建立。其之所以成为可能，是因为有在政治和商业上支配广阔空间而大量使用的大型家畜，特别是有马和骆驼的存在。驴和牛、骡子虽不能直接在战场上使用，但在军队前行时可用来驮运食料和军事物资，也是重要的军事道具。牛还能作为战争中的食物。

·得天独厚的干旱地域——欧亚非内陆干旱地域

　　不是所有的干旱地域都拥有可作驮运-移动手段、军事手段的大型家畜。澳大利亚就没有家畜。美洲大陆的家畜只有南美的羊驼和大羊驼，但数量极少。非洲大陆南部、卡拉哈里沙漠和纳米布沙漠及其周边的干旱地域，也没有马和骆驼，驴的分布也很稀少。

　　在家畜文化上占据优越地位的是欧亚非内陆干旱地域。从非洲的撒哈拉沙漠到亚欧大陆东北部的蒙古草原地带，宏观来看，是一片连成一体的干旱地域。在欧亚非内陆干旱地域，几乎均匀分布着蒙古地区所谓的五畜，尤其是把经济力和军事力结合为一体的马和骆驼。

　　但是，五畜的分布也有一定的偏差，马是北方草原多见的家畜，而撒哈拉南缘的萨赫尔地带很少分布。骆驼在北方草原常见的是双峰骆驼，分布在南部的阿拉伯半岛到撒哈拉的骆驼多是单峰骆驼。撒哈拉的南部主要分布着饲牛牧民。绵羊也是北方常见的家畜。喜马拉雅山地到青藏高原再到蒙古高原，在峻拔的山地上驮运货物的家畜是牛科的牦牛。驴和马杂交的骡子在各地都被用作驮畜。

·欧亚非内陆干旱地域形成的大型帝国和长距离贸易路线

　　在欧亚非内陆干旱地域，自古以来出现过许多巨大的帝国，包括蒙古帝国、土耳其帝国、美索不达米亚诸帝国、波斯帝国、亚历山大的马其顿帝国、印度的孔雀王朝、穆加尔帝国、阿拉伯系柏柏尔族的伊斯兰诸帝国等。此外，还有非洲的马里帝国、桑海帝国、卡涅姆－博尔努帝国、富尔贝－伊斯兰帝国等。

还有，以骆驼和马为主，役使驴和骡子、牛、牦牛等动物的陆地贸易网从撒哈拉沙漠遍布到蒙古高原，全面覆盖了欧亚非内陆干旱地域。陆上贸易网的北部，有汉朝时期的中国和地中海的罗马帝国缔结的丝绸之路；西南部，有覆盖撒哈拉的贸易网；东南部，有连接波斯湾、阿拉伯半岛和印度洋的印度洋贸易；西北部，有威尼斯等国支配的地中海贸易。在这些贸易网的结点，形成了国际贸易都市。其中，乌兹别克斯坦的撒马尔罕，伊拉克的哈特拉，叙利亚的大马士革，伊朗的塔布里兹，非洲的盖尔达耶、通布图、杰内、基尔瓦等多数的贸易都市都被联合国教科文组织列为了世界遗产。

这一贸易网，它的西部是连接伊斯兰世界的媒介，东部成了佛教传播的媒介。与内陆贸易网相邻的印度洋贸易，则成了伊斯兰教和佛教向东南亚传播的媒介。

近代以前的世界物流中心，是欧亚非内陆干旱地域，在此经济基础上形成了都市和骑马军事力维持的巨大帝国文明，概括地称作欧亚非内陆干旱地域文明。

干旱地域的巨大河流流域是人口的高度集中地和城市的形成地，也是欧亚非内陆干旱地域文明的一部分。

· "黑暗大陆"非洲的国家形成和商业经济的发展及其生态结构

撒哈拉沙漠南部的干旱半干旱的萨赫尔地域，也是欧亚非内陆干旱地域文明的一部分。非洲给人的影响是一片黑暗的大陆，人们容易把非洲看作是没有形成都市和国家和商业经济的部族世界。但是，这种黑暗的印象与萨赫尔－苏丹地域并不相符。

萨赫尔－苏丹地域在撒哈拉贸易和伊斯兰教传入的影响下，自古就有伊斯兰城市－国家的历史，境内曾出现过加纳帝国、马里帝国、桑海帝国、卡涅姆－博尔努帝国等巨大的伊斯兰帝国，还建立了杰内、通布图等伊斯兰贸易都市。与此对应的服饰、染色等精致的工艺文化和古兰经学带来的阿拉伯文字文化也非常兴盛。在通布图和杰内等伊斯兰都市，保存着许多阿拉伯语书籍和文章资料。

与黑暗印象符合的是非洲热带雨林的森林地域。森林地域有妨碍土地开垦的森林覆盖。为了开垦土地就必须砍到森林里的大树，就算是开垦出的土地，也会受热带气候影响，土壤流失且消耗迅速，耕种上3—5年就必须舍去，再开垦新的土地。还有，在非洲的热带雨林地域，缺少可作为军事手段、移动－搬运手段的家畜。除了山羊，没有其他，没有骆驼、马、牛和绵羊等家畜，甚至连猪都没有。

因此，在非洲的湿润森林地域，很晚才形成了城市和国家。加纳的阿沙特王国（阿久津昌三，2007）、南喀麦隆的喀麦隆高地的蒂卡尔系王国（下休场千秋，2005）和巴蒙王国等是其中的代表。

蒂卡尔系王国和巴蒙王国选择将国家建立在高地上，而位于几内亚湾的阿沙特王国选择的是几内亚湾内部的干旱地域，并且控制了黄金的出产地，还穿越大西洋与欧洲进行贸易，也和北方的萨赫尔-苏丹地域展开贸易，以此获得了许多优势。

将非洲的降水量分布图和传统国家分布图组合在一起考虑，便会清楚地发现，它们之间的相互关系是干旱地域形成了许多传统的王国，森林地带却没有。

称非洲大陆为黑暗大陆，甚至认为它是未开化的代名词，原因来自与其生态结构联动的文明结构。

· 欧亚非大陆和非洲大陆正在逆转的历史生态结构

试比较非洲大陆和欧亚大陆的历史生态结构，其中包含着有趣的内容。因为非洲大陆和欧亚大陆的生态结构正在逆转。在欧亚大陆，干旱地域从中部扩展，分布在大陆周边的是森林地带。与之相对，在赤道横穿的非洲大陆，热带雨林地带横亘其中，干燥地域环绕在其周边。这部分内容可参考图5-8。

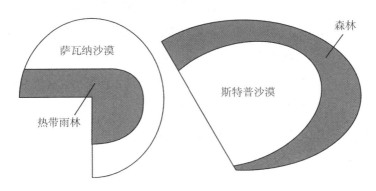

图5-8　非洲和欧亚大陆的不同生态结构的模型化

如果以干旱地域为文明形成的原动力的话，欧亚大陆就是大陆内部文明形成的原动力，而非洲大陆，文明形成的原动力只存在于周边。因此，形成于非洲干旱地域的伊斯兰文明没能成为推动非洲历史发展的原动力。非洲虽形成了许多国家与都市，但仅仅分布在大陆周边的干旱地域。

对于非洲大陆，欧洲人曾企图通过大西洋和印度洋的海洋路线进入热带雨林显著的几内亚湾，进而入侵非洲。因此，非洲的黑暗形象更加扩大了，但因欧洲人的入侵，几内亚湾被开辟成了连接新大陆与欧洲大陆的三角贸易的场所之一。结果，非洲一边接受着残酷的奴隶贸易的洗礼，一边在国际经济中走上了发展的道路。现在非洲各国的大城市或者产业城市过去曾是非洲近代化的先端地域。

· 干旱地域也具有未开化文化

因孤立而未曾发展的文化，在干旱地域也有相同的例子。在近代历史以前，能称作干旱地域文明的且大规模发展的只有欧亚非内陆干旱地域文明。其原因是，在广阔的欧亚非内陆干旱地域，其内部各地域有发达的家畜文化，而且各地域的文化互相交流，最重要的是五畜和驴均匀分布其中。兼之，欧亚非内陆干旱地域的周边分布着高生产力、高度人口承载力的半干旱地域和湿润地域，连接其与干旱地域的贸易文化得到了很好的发展。结果，贸易带来的财富和丰富的农业生产使人口密度增加。因此，在干旱半干旱地域形成了中国文明、印度文明、地中海伊斯兰文明、俄罗斯文明；在撒哈拉南部，也形成了撒哈拉以南非洲世界的伊斯兰文明。

同样是干旱地域，在空间上远离欧亚非内陆干旱地域文明的干旱地域中，就没有形成像样的文明。原因是家畜文化和谷类农耕文化的缺乏，或者是规模太小。

位于非洲大陆南部的纳米布－卡拉哈里沙漠及其内部的干旱地域，虽在很早以前就引进了牛，但没有引进马、骆驼和绵羊。所以既没有发展经济的动力，也没有稳定的政治秩序和抵挡外来侵略的军事力。津巴布韦等非洲南部的王国的衰退非常神秘，其原因或许与此相关。虽然霍屯督人（Hottentot）原始民曾尝试饲养牛，但也难逃灭绝。卡拉哈里沙漠是采集狩猎民——布须曼人的居所。

在北美大陆的干旱地域，很少进行农耕，畜牧文化则根本没有形成。中南美是新大陆农耕文化的起源地，那里栽培了马铃薯和玉米等重要作物，也形成了阿兹特克帝国和印加帝国。只是，这些帝国规模很小，最终被入侵的西班牙人消灭了。而新大陆的畜牧地在安第斯山脉的高原地带，主要饲养羊驼和大羊驼，仅是小规模的畜牧。大羊驼被用作驮畜，但不能像马和骆驼那样承载许多货物。

在澳洲大陆广阔的沙漠地域，没有形成农耕和畜牧。

然而，这些农耕和畜牧不发达的地域，随着欧洲人的到来，出现了大规模的牧场形式和大规模的农耕文化，现在成了世界最大的家畜生产地和世界最大的农业生产地。从北美大陆的密西西比河到落基山脉的干旱地域、南美的阿根廷和乌拉圭、澳洲大陆中部的干旱地域，以及非洲南部的南非共和国、津巴布韦、安哥拉等地区，都是当今世界的大型畜产和大型农业产地。

四　近代文明的诞生——以海洋为中心的物流和军事体系

人们一直认为，人类文明形成和发展的中心地域是欧亚非内陆干旱地域。那么，如何以这个观点来解释16世纪以来的以欧洲为中心展开的近代文明呢？

·以海洋为中心的物流体系维持的"近代体系"

沃勒斯坦把以西方为中心的全球化称作"近代体系"。维持西方近代的是大航海时代，它是西方近代的象征。航海运输体系是把之前人类未曾利用的大西洋、印度洋、太平洋等（大洋）看作贸易运输的媒介，并开发之。而利用家畜驮运的欧亚非内陆干旱地域的物流体系，无论是速度还是承载量，抑或是经济效率性，都逊色于海洋运输体系。以海洋航船为中心的物流体系被建立，由此世界体系被重新划分。所谓的"近代体系"，就是以海洋贸易体系为中心的西方近代经济体系。

近代体系在军事方面也很强悍，因为航船上可以大量搭载炮火。随着大航海时代的推进，侧舷搭载20个炮口和30个炮口的航船先后问世，不久后帆船就被具备蒸汽机关的大型黑船取代了。海洋体系因利用石化能源，实力更加强大。结果，大洋沿岸地域在军事上和经济上都被欧洲支配，被统合在近代体系中。相反，欧亚非内陆干旱地域文明在经济上和政治上都走向衰微。

人类的近代史，就是从靠骆驼和马维持的欧亚非内陆干旱地域文明向欧洲以海洋为中心建立的殖民主义的政治秩序变更的时代。

· **非西方世界试图建立的以海洋为中心的物流体系结构**

近代以前，西方以外的世界并不是不懂建立以海洋为中心的物流体系。

如今中国的首都是北京，最初以北京为首都的是蒙古帝国的忽必烈。据杉山正明（1995）称，之前的中国首都是内陆的长安，蒙元时代将国都从喀喇昆仑迁到了北京，并使北京连接东海与运河。忽必烈希望将内陆的物流体系和海洋贸易连接起来，并以此掌握陆地和海上所有的物流体系。忽必烈建设北京，是早于大航海时代的隐藏的计划。

实际上，从元朝到明朝，穆斯林身份的郑和（1371—1434）曾指挥中国船队先后七次去到东南亚和印度，其中有四次甚至抵达中东和非洲。印度洋连接着穆斯林的水运并带动着内陆的物流发展，一直延伸到东南亚。穆斯林身份的郑和组织的航海也许与伊斯兰水运的发展有着联系。

在伊斯兰世界，并非只有内陆干旱地域的陆地贸易网，其内还缔造了以波斯湾、阿拉伯半岛为据点的连接东非、印度、东南亚的印度洋贸易网。在地中海，奥斯曼土耳其帝国将位于连接地中海和黑海的博斯普鲁斯海峡的伊斯坦布尔定为首都，奥斯曼帝国依据对地中海东北岸、东岸、南岸的支配，进而统领了东地中海的军事和贸易。

葡萄牙人和西班牙人登陆日本以前，就有日本航船和东南亚之间展开的贸易。

那日本和中国走向"闭关锁国"之路的原因是什么呢？为何只有欧洲走向了世界的大洋并开拓出了航路，进而逐步支配全世界呢？虽然我们对此不能详尽论述，但可以通过干旱地域文明论得到些启发。

· 森林里的欧洲走向世界的理由

欧洲之于全球，位于湿润的森林世界，与其他的森林世界相比，欧洲的森林寒冷且更为干燥。本书曾将年降水量1000毫米的地域列为"湿润地域"，而在欧洲，年降水量在500至1000毫米的地域非常辽阔，例如巴黎的年降水量就在600毫米左右。而且，寒冷气候下的森林属于落叶型森林，不同于热带地域的茂密森林，寒冷地带的森林野生动物丰富，开发起来非常容易。我将欧洲的森林特征归纳为以下几种：

①多分布果实丰富的落叶型树木（尤其是橡树和榛树），野生动物多，适合狩猎。

②森林密度低，少有热带森林里那种危害家畜的害虫，而且，在其中可以通过林间放牧的方式饲养猪和牛，是可放牧的特殊的森林地带，也能饲养马和牛等大型家畜。

③拥有畜牧文化的日耳曼民族、诺曼族大量迁居在此。诺曼族先前是海洋民族，也是善于养牛的民族。维持现在丹麦、荷兰、比利时、法国的诺曼底人等酪农国家和地区的畜牧业的，就是诺曼人创造的畜牧文化。

④发展农业必须先开垦森林，平地林越多，森林的开发就越容易。林间畜牧加剧了森林的破坏。

结果，欧洲的森林迎来了中世纪的"大开垦时代"，大量森林被开垦成农田和牧地。之后，16世纪的英国展开了将森林变为牧地和农田的圈地运动，导致多数农民的森林和农田被夺走。

这些事件带来了欧洲的经济发展，但也使欧洲的土地严重不足。

· 足以使欧洲支配世界的森林

导致森林减少的决定性事件是造船，那会破坏许多森林。16世纪的欧洲还有森林存留，主要是残留在湿润的大西洋一侧，因此大西洋岸的各国中，如委内瑞拉那样的地中海国家，登上了海运国的宝座。由于国内的森林有着丰富的木材，所以能建造许多船舰。而造船舰的材料还包括铁制的大炮以及一些铁制零件，制造铁制品需要将巨大的树木当作燃料使用。结果，大西洋侧的欧洲森林迅速减少[3]。

打败西班牙的无敌舰队、从此走上海洋帝国道路的16世纪伊丽莎白时期的英国，对森林的破坏尤为激烈。其中最受伤害的是住在森林里的凯尔特土著居民。英国文学中涌现了大量凯尔特诗人和文学家，川崎寿彦（1987）在《森林里的英国》里称，该类诗人和文学家的作品主题就是英格兰的盎格鲁－撒克逊人对统治者破坏森林的反抗。下面有一首凯尔特诗歌，内容是森林被夺走后平民的心情（川崎，1987）：

> 披着绿衣的桦木，
> 全部烧成了火焰，
> 制铁者把一切绿色变为黑色，
> 还欲勒死撒克逊人。

罗宾汉的故事，就是森林人民的抵抗故事。

此外，当时的宫廷诗人常为有造船的森林而欣喜，也有的诗人为此高歌。

> 啊！饱受自然恩惠的英国
> 你能支配东西两个印度
> ［……］
> 我们有好战的森林，
> 众山为世上最健壮的橡木覆盖。

在法国，为了保护造船的森林，在建造洛里昂军港和布列斯特军港的布列塔尼半岛的周边划定了皇家森林，严格限制了当地居民对森林的利用。制定此种规则的，是波旁王朝时期推行重商主义的科尔贝尔（1619—1683）。

跟欧洲的森林相比，中国南部和印度东部的亚洲季风型森林是极难开发的。换言之，这是一片非常具有开发价值的森林。如果能集中开发这片森林的话，就没有渡到海外的必要了，亚洲内部的森林就是该开拓的地带。

人们认为，日本之所以闭关锁国是由于当时的关东平原至东北地带有许多未开发的土地。事实上，德川时代以来，这一地带一直是新田地的开发地。由于闭关锁国，日本进入"文明开化"的时代略晚。然而，因明治政府的富国强兵政策，日本迅速获得了同欧美列强相等的经济实力和军事实力。其中的理由之一，可以说是因为有森林的存在。密林的分布，利于建造商船和军舰。第二次世界大战期间，人们猜想当时或许能造出世界上最大的航空母舰。森林也是建设铁路的枕木的来源。

然而，近代初期的欧洲再也没有那么多森林了，为迎接近代的到来，欧洲的森林被开发殆尽。欧洲的内部已经没有可开拓的土地了，因此欧洲人越过大西洋，开启了寻求新土地的热潮。

五　生命与人类历史的新模式—— 人类的空间性与时间性运动构成的历史

· 生命与人类历史的新模式

关于人类历史和生命历史，可以绘制新的图示。那是生命和人类在地球上的空间性展开和时间性展开的人类历史。

也就是说，生命的历史就是40亿年前太古期的海洋孕育出的生命向地球全体扩散与分散的历程。这种生命的扩散与分散，最重要的革命或变革就是生命登上陆地。人类也是陆地生活的生命种类的一种。

不过人类经历了一系列的变迁，在进化成萨比恩斯人以后，以单一的生命种类一边创造各种文化和民族，一边向全球扩散与分散。这是生命存在方式中的一种异样的变革生存方式。为什么这样说呢？因为生命总会适应特定的生态环境而生存，因此生命是一种被环境限制的存在。然而人类没有被限制在特定的环境里，而是扩散至全球。这在生命历史中被称作人类的革命。

取而代之的是，地球上的各种环境中诞生了各种各样的文化和生存样式，形成了拥有固有语言的民族文化和部族文化。原因是，自第四次冰期结束后的一万年前，温暖化和湿润化持续推进，此后，地球的环境变成了冰床和沙漠以及草原和冰原，形成了多样且复杂的自然环境。扩散在地球各地的人类勉强生活在各种环境下，也必须形成各种各样的文化。

那并不是进化出生物学上所谓的新"人种"，而是在延续种族的同时组建民族的文化。我称其为人类的"文化形成"进程。然而在如此形成的民族和部族的文化中，具有"拟生命种"的性格，假使认为其是各样人种、各样的人种文化也不奇怪。如此，农耕和畜牧也是开始于一万年前，人类的粮食生产和人口承载力一下子增大了。

· 人类历史的第二阶段——文明的形成

萨比恩斯人的历史在5000年前迎来了第二次革命。扩散在地上的人类在某一时间点再次分散到各个地域，也使分散后的各种文化产生交流。并不是人类全体的交流，只是许多地域的交流和统合。不是扩散，而是集中。这是人类历史的第二次革命，中心地就是欧亚非内陆干旱地域。

结果，人类的各种文化开始聚集，在5000年前，首先是以河流流域为中心的城市文化和国家文化进入繁荣，接下来是利用大型家畜的移动与搬运与军事能力开始的统一运动，在欧亚非大陆的舞台上出现了中国文明圈、印度文明圈、伊斯兰文明圈以及罗马地中海文明圈。我想把这些运动称作"文明形成"运动。至于哪一个文明圈是优良的，哪一个文明圈是劣质的，我认为没有议论的必要。真正重要的是：在各种不同的地域，上演着地域的统合和各民族、各文化的交流，与各个地域的实际情况相对应，出现了各种地域文化。

欧洲开始活跃于世界的近代，引进并吸收欧洲文明（科学技术、政治经济制度、艺术和文化、基督教等），被看作是进步的标志。然而，在之前的时代，引进中国文明、印度文明、伊斯兰文明就意味着"进步"，"文明化"和"近代化"的地域广泛存在。在西欧，是以希腊与罗马文明为文明的模范，宗教则是以起源于地中海文明的基督教为模范。

而且，这些文明运动并不是各种文明独立形成的闭锁且孤立的运动。各种文明以欧亚非内陆干旱地域为共同母体而形成，欧亚非内陆干旱地域形成的贸易网和巨大帝国使政治得到统一，世界宗教和文字文化也被广泛传播，以这些为媒介，各种文明相互联系。从宏观的角度来看，以欧亚非内陆干旱地域为中心，大陆内部的各种文化和各种文明覆盖全域。其中形成了中国文明、印度文明、伊斯兰文明以及罗马地中海文明、撒哈拉以南非洲伊斯兰文明等大型地域文明。

沃勒斯坦视此类文明为封闭的政治体系，并称其为"帝国"，他表示打破这些帝国的封闭体系的是欧洲的"近代体系"。然而这些帝国并不是封闭的文明体系，它们整体上可称作欧亚非全域文明，是欧亚非大陆级的文明形成。现在各文明间的冲突，其问题的源头更像是以欧洲为中心的"近代体系"破坏了反对近代化的欧亚非大陆的各地域文明。欧洲使各地域文明积淀下来的文明知识消失殆尽，这就是冲突的源头所在。

· 人类历史的第三阶段——地球文明的时代

欧洲的"近代体系"是新的全域文明形成的中心体系，这一点是毋庸置疑的。从15世纪末到16世纪，欧洲以大航海为契机创造了海洋文明中心。其目的是取代此前以陆地为中心、靠军事与经济路线建立起来的欧亚非内陆干旱地域文明，靠海洋路线统合和重新划分全世界。大航海的起点是1492年哥伦布成功穿越大西洋。同年，支配伊比利亚半岛近8个世纪的伊斯兰势力遭到驱逐。而且西班牙和葡萄牙成了航海的中心国家，开启了大航海时代。

欧洲获得了新的大陆。南北美大陆居住着印第安人，澳大利亚居住着当地的土著居民，但是这些地方被欧洲人大量入侵，并被建成了以欧洲为中心的新世界。新土地的获得，为欧洲人提供了生产力和新的能源。

之后，全世界都效仿欧洲，开始了殖民主义。结果，此前处于独立状态的文化和文明竭尽全力在政治、经济、文化上向欧洲靠拢，以融入欧洲文明圈。世界各地的经济交流和文化交流愈加活跃，现代世界进入了"地球文明"的时代。

而这种全球化，是否只是欧洲近代文明的单方面全球化呢，这一点尚不明确。全球化这个概念，在西方市场经济主义向全世界扩张和普及的过程中形成。而事实是，日本自不必说，中国、中东伊斯兰经济、印度、巴西、东南亚等国家还有地球上的各地域，都在传承不同文明和文化的同时，参与和计划着全球化。其中，日本的经营扩大、伊斯兰的经营、中国式的国家政策等连成一体的经济活动正蓄势待发。

中东地区随着伊斯兰经济的发展，将伊斯兰文化传向世界。在媒体文化方面，二十年前是由西方媒体独占的世界，而现在，半岛电视台，中国、印度、埃及等国家卫星电视栏目在亚洲、非洲地区甚受欢迎。在航空方面，阿联酋航空公司和摩洛哥皇家航空公司等不断地在国际航空领域里扩大。所以，所谓的全球化就是现实世界中多数地区按照自己的倡议不断企划和推进，是一种动态的地球文明运动。

· 仅按照时间轴来考量西方的一系列历史

我以图解的方式，将生命和人类进化的理论绘制为图5-9。

图示的最大意义在于可以加入横向的时间轴，而纵向的则是空间轴。空间轴所指的就是地球空间，生命和人类进化的重点是生命与人类是以何种方式扩散至地球空间的。

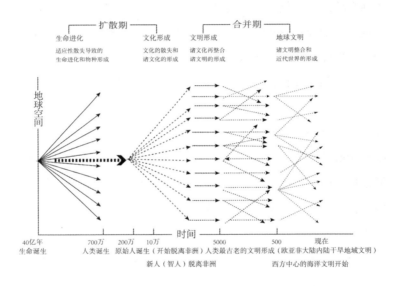

图5-9 生命和人类进化的新图示

之前以西方为中心书写并提倡的人类历史，其最大的缺陷是仅以一次元的时间轴作为人类历史发展的参照标准。因此，人类在地球空间上展开的意义并没有被充分考虑到。这种历史观，相对于人类历史创造的多样文明和文化，仅能触及其发展阶段，而不能认识到其固有的价值。所以，只是出现了一系列的发展历史观。

　　例如，黑格尔的《哲学史讲演录》认为人类历史的过程由"东方"向"希腊与罗马"再向"基督化的西方"推进。他认为历史其物，即是理性下自由理想的发展、自我实现的历史。按照黑格尔的说法，"东方"世界里只有皇帝有"自由意识"，其余人只有"奴隶意识"；到了"希腊与罗马"时期，多数的市民有了"自由意识"，不过还保留着多数奴隶；等到了"基督化的日耳曼世界"时期，所有人民都充满理性并抱有"自由意识"。

　　黑格尔的历史观里，"东方"为历史的起点，"自由意识"从东方移动到西方。但是，"东方"之前还存在"未开化世界"，这种史前世界，就是近代启蒙思想家霍布斯、洛克、卢梭所说的"自然状态"的世界。

　　对黑格尔的这种观点做出激烈批判的马克思提出了唯物主义历史观。马克思认为人类历史的原动力是围绕支配私有制财产展开的阶级斗争，这一点同黑格尔的观点大相径庭。但是，对于历史发展的具体阶段，黑格尔的发展图示已经表现得很具体了。

　　马克思说：最初的史前世界是无阶级斗争的"原始共产制世界"，然后就进入了有阶级斗争特性的历史世界。这种历史世界，按照《经济学批判》的序文介绍，分为"亚细亚的生产方式"的时代、"古希腊罗马的生产方式"的时代、"封建的生产方式"的时代、"现代资产阶级的生产方式"的时代，这也是全书的展开顺序。书中指出，"亚细亚的生产方式"基于"整体奴隶制"存在；"古希腊罗马的生产方式"基于古代民主的半"奴隶制"存在；"封建的生产方式"基于"农奴制"存在；"现代资产阶级的生产方式"基于半奴隶状态的无产阶级存在。这是马克思的观点。

　　这三种阶段正好对应黑格尔的"东方""希腊与罗马""基督化的日耳曼世界"。马克思观点的新颖之处是在前三阶段中加入了适应于近代世界的第四阶段——"资本主义的生产模式"。他还设想在未来废除阶级斗争，使世界重新回到史前的原始共产主义世界，也就是，历史发展的终局是史前世界的再现。他不像黑格尔那样认为自由是意识和观念的问题，他推崇被现实的劳动和生产条件制约的现实自由，这也是他的创新点。他的观点正好是黑格尔的唯物论历史观的反面论证（图5-10）。

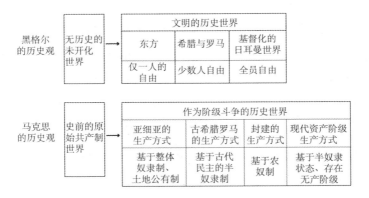

图5-10　黑格尔的历史观和马克思的历史观

　　另一种典型的西方系列的人类发展史观点认为，人类历史是从咒语、宗教开始走向科学思考的。提出此观点的是法国实证主义社会学的鼻祖奥古斯特·孔德（1798—1857）。孔德认为人类精神的进步可以按照"神学—形而上学—实证科学"的图示来论证，神学阶段是人类凭借想象力思考的阶段，形而上学阶段是人类将想象抽象化的阶段，实证科学阶段是根据实证思考达到科学思考的阶段。这其中，神学阶段的过程是：性崇拜—多神教——神教。

受孔德思想的启发，英国的爱德华·泰勒（1832—1917）用"泛灵论—多神教——神教"的图示解释了原始文化的发展过程。泰勒的研究以原始文化为对象，没有论及科学和理性等因素。然而，巨著《金枝》的作者弗雷泽又提出了"巫术—宗教—科学"的发展过程，是一种接近孔德思想的理论。

近代的欧洲回避中世纪的基督教神学世界，提倡实证的科学精神。在此前提下，还提出"从巫术与宗教到科学"的人类精神发展理论。当然，这些是欧洲的启蒙思想理论，但却被当作全人类的精神发展理论，非西方世界的非洲和发展缓慢、以巫术和宗教为精神结构的东方世界也被归类到这种理论的范畴内。

这种单线性的西方中心主义的人类历史观如何才能被取缔呢？还有，如何才能正确地评价亚洲和非洲积淀下来的文明知识，进而使之成为全人类共通的知识而被传承呢？这不仅是亚洲和非洲的问题，也是全人类的问题。其关键在于，必须从时间轴和空间轴这两个维度来思考人类文明的发展，然后基于这种基本共识，重新构建人类历史的结构。关于这一点请参考前文关于生命和人类进化的新图示5-9。

六　地球文明时代的课题

我已提到过近代地球文明的成立，那并不是没有任何矛盾和问题的文明世界。

以西方为中心建立的"地球文明化"滋生了许多罪恶和惨剧。例如，对亚洲和非洲的殖民运动、大西洋奴隶贸易、新大陆的奴隶制、新大陆文明对印加帝国和阿兹特克的破坏、对印第安人的迫害、两次世界大战，等等，诸如此类的灾祸甚至影响着现代。每当西方近代文明和非西方文明发生冲突时，西方总会将责任归咎于非西方文明，这种冲突来自人类近代历史的结构问题。关于这一点，在最后我想从欧亚非内陆干旱地域文明的观点着手整理。

·西方近代文明和欧亚非内陆干旱地域文明的相克

西方中心主义的"地球文明化"首先产生的问题是欧亚非内陆干旱地域文明对西方近代文明的强烈抵触。那是因为以欧亚非内陆干旱地域为中心形成的全域文明遭到了以西方为中心形成的新的且规模更大的全球文明的严重破坏。

现在，撒哈拉沙漠到中东、中亚，再到蒙古、中国的地域，是世界宗教的民族主义的冲突地，再加上"沙漠化"这一环境问题的困扰，成了世界的贫困地域。这一地域的欧亚非内陆干旱地域文明被近代西方文明的全球主义破坏殆尽，处于濒死状态。

这一地域被美国总统形容为"恶的枢纽"，这样的形容也意味着欧亚非内陆干旱地域文明至今依旧处于抵抗状态。不仅在政治领域，在文化、宗教、经济等各领域都处于抵抗状态。究其原因，是因为欧亚非内陆干旱地域文明占据着人类文明史的核心地位，功绩显著且充满自豪。而西方的观点认为，这种对立是善与恶、民主与独裁、理性和狂热的对立，是价值标准的不同所导致的。西方的观点一向如此。这种对立的背后是历史地域结构迥异的两种文明的冲突。而且，美国总统称欧亚非内陆干旱地域文明为"恶的枢纽"，亨廷顿是认为欧亚非文明是一个处在"文明的冲突"中的不得不与西方文明对抗的专制国家地域。就是这个被蔑视的欧亚非内陆干旱地域文明，比欧洲文明和美洲文明有着更久远的历史，是形成人类文明主体的先进文明。

对于围绕欧亚非内陆干旱地域形成的各个国家和各种文明展开的许多问题，必须按照以上观点看待。若非如此，人类到此形成的文明遗产可能会被全部破坏，问题的严重性也就无法得知了。

· 非西方世界的文明结构的三种类型

不仅是欧亚非内陆干旱地域，其他的非西方世界也对西方近代文明的全球主义有所抵触。这并不是说西方的近代文明不好。无论是怎样的文明，当面对一个能产生强大统治影响力的异文明时，就会发生抵抗和倾轧。这不一定不合理。一个个的文明、文化，在它们各自的历史和地域中形成，有它们自身的合理性和正当性。其中包括现今地球文明时代的文明冲突结构和至今为止人类文明史的考察。在此我先做个整理。

非西方世界地域可分为以下三种类型。

第一核心地域

以欧亚非内陆干旱地域及其周边成立的大文明圈为核心，人类历史的初中期时形成了人类文明的中心地域。其中有以中国文明圈为中心的中国、以印度文明圈为中心的印度、以伊斯兰文明圈为中心的中东。其中中东的文明史更加悠久，埃及和伊拉克、伊朗的文明史最早可追溯至纪元前的古埃及文明和美索不达米亚文明以及古波斯文明。无论怎样，这些地域作为人类文明的中心，有着强烈的自豪感。

但是，所谓的中国人并不是以汉族为中心的单一民族。中国是56个民族融汇而成的多民族国家，中国人是一个多民族团体。印度文明也不是只有印度人的单一民族文明。伊斯兰文明的核心包括阿拉伯人、土耳其人、柏柏尔人，语言系统也是各不相同，整个文明是由多个民族文明汇聚而成的。

欧亚非文明圈，甚至可以说囊括了希腊人、罗马人、犹太人、腓尼基人，以及叙利亚人、埃及人、阿拉伯人、利比亚人、柏柏尔人等多个民族汇聚成的希腊与罗马的地中海文明圈。

第二边境文明地域

位于第一核心地域的周围，在第一核心地域文明的影响下形成自身的文明，属于边境文明地域。中国文明的周围有朝鲜、日本、越南等仿照中国文明形成的文明圈。印度文明的周围有南印度和西隆、缅甸、泰国、印度尼西亚等东南亚各国，这些地域共同形成了印度文明圈。伊斯兰文明的周围有撒哈拉以南非洲和北非、中亚，还包括越过印度洋的印度尼西亚、马来西亚等伊斯兰边境文明圈。地中海文明周边的边境地域形成了西欧文明。

　　第二边境文明地域因吸纳了第一核心地域的文明而形成了自身的文明。中国文明化、印度文明化、地中海文明化、伊斯兰文明化等现象在过去对于第二边境文明地域来说，是进步的象征。但是，各地域固有的地域文化也在此基础上保留，因此这些地域的文明是双重结构。日本有神道教的固有文化。东南亚地区在传统信仰的基础上纳入了印度文明、中国文明、伊斯兰文明等，组成了多重的文化结构。撒哈拉以南非洲有各样的传统文化，北非的土著民柏柏尔人有自己的文化，之后又传入了伊斯兰文明。在西欧，有土著的凯尔特文化，凯尔特人的德鲁伊教是基督教文明的基底。在北欧，有众所周知的北欧神话，是独特的土著文化。在德国文化圈里，有达里姆童话等极具代表性的土著文化。

第三独立地域

　　第三独立地域，没有受第一核心地域的文明化作用的影响，一直维持着自身的固有文化。该地域与第一核心地域距离遥远，或地处山地，第一核心地域的文明难以传播至当地。新大陆是典型的第三独立地域。在旧大陆的婆罗洲和新几内亚、菲律宾等东南亚岛屿的森林地域以及东南亚北部的山地地域，也存在第三独立地域类型的地域。在非洲大陆的中南部地域，也有伊斯兰文明难以抵达的广阔地域。

· 非西方世界的近代化的三种类型

与地域结构的不同相对应，西方的近代文明也大不相同。非西方世界的近代化有三种类型。

第一核心地域的近代化

占据人类文明史核心地位的第一核心地域，是作为新参与者的西方近代文明难以融入的地域。

例如，世界上最排斥西方文明的是中国。中国到最后也没有变成西方列强和日本以及苏联（俄罗斯）的殖民地国家。第二次世界大战以后，中国开启了长时间的社会主义制度。

中东的殖民化时代是短暂的。被殖民期间，无论是埃及（被殖民期：1882—1922），还是伊拉克（被殖民期：1921—1932），都没有被完全支配。而伊朗和土耳其几乎没有被殖民主义支配过。现在中东的伊斯兰世界，虽然在政治上没有统一，但是由于伊斯兰思想的影响深刻，不仅人们的信仰，连服装文化和城市文化都保留着传统的特色。其背后，散发着构成人类古代文明起源的埃及文明、美索不达米亚文明和古波斯文明的光辉。因此，这些文明拒绝接受西方近代文明的引领。

与中国或中东相比，印度地域同样拥有悠久的文明。巴基斯坦、孟加拉国有传统的伊斯兰信仰，印度有古老的印度教，这些地区在衣服和城市文化方面保持着固有的文明。

地中海文明地域，因有着浓郁的古希腊与罗马文明的传统和初期基督教文化的传统，所以西欧近代文明的渗入仅止于皮表。

第二边境文明地域的近代化

很早以前就接受了第一核心地域文明，并将其看作外来文明的第二边境文明地域，在面对西方的近代文明化时，与第一核心地域抱有同样强烈的抵触情结。然而，该地域无论是外来的第一核心地域的传统，还是各地域固有的地方文化，都已根深蒂固。当地人们的生活与三种类型的文化与文明相对应，也呈现出三重结构。因此，该地域的近代化进程同样也是三重结构的。

该地域类型的典型是日本、东南亚，还有撒哈拉以南非洲伊斯兰文明地域。

在日本，不论是固有文化的传统也好，还是传统中国文明也好，抑或是外来的西方文明也好，各文明互不抵触、持续传承。佛教的寺院和神道教的神社、基督教的教堂、近代教育、近代产业等相互融合、共生，这便是日本文化。在服装文化、饮食文化、住宅文化等方面也表现出三重结构。

东南亚的文明更为复杂，在各地域固有的基础文化中又引进了中国文明、印度文明、伊斯兰文明等三大文明。在印度尼西亚和泰国等国家，每个国家的内部都有三种文明共存，另外还有西方的近代文明。

撒哈拉以南非洲伊斯兰文明圈地域的基础文化是非洲固有的巫术信仰和传统的衣食住行文化。继伊斯兰文明之后，西方的殖民主义也波及非洲。因此，处于撒哈拉以南非洲伊斯兰文明圈的人群类型极其复杂。非洲的近代化也是三种类型的文明与文化相互融合的过程。例如，我的家族中有一位医学博士，他是马里

国立医院的院长，也是一位穆斯林，特别尊重马里的传统伊斯兰
文化。

　　第二边境文明地域，看上去似乎很容易接受西方的近代文
明，但从单方面并不能详尽地理解当地人的生活，他们的生活是
多元化的。而且，这一地域的古代传统文化在很多方面弥补了近
代文明的缺陷，所以在近代化的过程中比较安定。

第三独立地域的近代化

　　第三独立地域最适合西方近代文明的传播。这种地域内没有
类似于第一核心地域的那种抗拒西方近代文明的地域。第三独立
地域的文化是部族主义，也可称作未开化文化，这种地域难以构
筑对抗西方近代文明的文化结构。

　　所以，在第三地域类型的太平洋岛屿和非洲大陆的中南部，
随着基督教文化的传入，西方近代的城市文化也在当地扩散。

　　非洲几内亚湾沿岸的各国都建立了大城市和港湾城市，最
后成了非洲近代化的模范地域。不过，在实际生活中无法适应近
代化模式的人也有很多，这导致犯罪增加，治安混乱。科特迪瓦
的旧首都阿比让、尼日利亚的旧首都拉各斯等城市就是典型的例
子，哪怕是白天，也会有持枪的强盗进出市区。由于基督教文化
不反对饮酒，因酒精饮品引发的纠纷频繁发生。这类地域的文化
结构，在"未开化"文化的基础上又渗入了与之相对立的近代城
市文明，所以在近代城市化的过程中极度动荡（图5-11）。

第一核心地域的近代化

传统文明	近代文明

第二边境文明地域的近代化

传统文明	传统文明	近代文明

第三独立地域的近代化

传统文明	近代文明

图5-11　非西方世界的地域结构的三种类型

· **多级分化的网络社会**

　　前述问题和冲突出现的同时，现代社会被称为地球文明时代，也可以说世界逐渐走向全球化文明社会。然而，这种全球化文明并不是指将全球的多样文化与文明同一化。而是多样的文化与文明互相影响，虽偶然会有对立产生，但也会达到共生和交流的全球化。

　　图5-9关于生命和人类进化的图示，也反映出了这种地球文明。

　　而到了现代，人类在全球范围的扩散已达到最高峰，分散后的统合也到了最高峰。因此，市场经济主义和金融资本主义思想引导的全球主义试图将各文化、各文明同一化，并为各文化各文明带来了强烈的压迫感。这样会在政治、军事、文化等方面形成一元化的全球主义。非洲和亚洲、南美洲对森林的砍伐持续进行。地球已无法承载更多的人口。未来会出现资源匮乏、枯竭，环境污染的加剧等问题。随着人类在全球范围内的密切交流，冲突和纷争等问题也将愈演愈烈。

　　要想解决种种问题，人类必须做到机智应对。我认为，在这一点上，人类需要重新汲取储存于欧亚非内陆干旱地域文明中的古老智慧。

　　干旱地域，由于是彼此都深感缺乏的地域，所以靠互相扶持的精神来弥补缺乏的商业贸易非常发达。这也是大型国家在内陆干旱地域内形成的基础。

　　西方将这类大型国家看作"东方专制主义"或"征服王朝"，是高度中央集权的高压的政治体系。然而，当反复对欧亚非国家做详细的文献研究和实地考察后，人们发现这种西方观点根本是扩张主义的欧洲为统领全世界而捏造的一种扭曲的观点，关于这一点越来越清晰。

　　我之前也强调过，与其称欧亚非内陆干旱地域文明是中央集权，不如称之为多极分化的网络文明，这样更便于理解。

　　伊斯兰教和基督教还有佛教等世界宗教几乎都起源于干旱地域，对此我们也有必要深加思考，因为从这些宗教中能发现多民族共生和关心穷人的思想。在伊斯兰教中，向穷人和残疾人施舍是贸易的核心内容。片仓在《"移动文化"论——追溯伊斯兰世界》（1998）中介绍了不执着于土地和财产的伊斯兰文化。在资源不足的世界里怎样生存的智慧反而隐藏在干旱地域中。在缺乏与危机的前提下成立的干旱地域文明中有好多值得学习的智慧。

　　相比于干旱地域，在森林和新开拓的世界里，以资源丰富为前提，形成了个人主义和独立主义的文化。小规模的民族和国家的密集就是森林文化的特征。这种类型的文化是难以找到解决全球资源不足和人口过剩等问题的对策的，这也是我一直以来忧心的地方。这本书，是森林文化中的人类论述的干旱地域文明论，也是一本地球文明论。

/ 注释 /

1. 门村浩（1991，1992）论述了撒哈拉沙漠是绿色覆盖的时代，以及撒哈拉覆盖非洲全域的时代、非洲过去2万年间的环境变动。
2. 这里论述的人类进化论受多位研究者启发。科学记者戴维德·R.奥雷斯（2006）详细论述了哺乳类的诞生和发展与地球的寒冷化和稻科草原的发展之间的关系。剑桥大学的R.福奥利（1997）在戴维德的基础上论述了人类的起源论。只是，这种理论的先驱者是耶鲁大学的女史学家E.S.维尔瓦（Vrba，1993），她的翻转脉冲假说（这种假说认为气候变化同时引起物种的进化和灭绝）闻名世界谢尔所做的维尔瓦受采访的记录（Shell，1993）很好地宣传了她的理论。
3. 关于欧洲的森林文化及其破坏，可参考德国的哈赛尔（1996）、英国的川崎（1987）、法国的卡萨涅因－尚巴尔哈茨（Cassagnes-Chambarlhac，1995）等，还有拙著（岛田义仁，2006a）。

・ 参考文献 ・

赤澤威　二〇〇〇『ネアンデルタール・ミッション』岩波書店

──　二〇〇七「旧人ネアンデルタールと新人クロマニン」『生物の科学「遺伝」』別冊二〇：三九─四六

赤澤威編　二〇〇五『ネアンデルタール人の正体─彼らの「悩み」につ迫る』朝日新聞社

阿久津昌三　二〇〇七『アフリカの王権と祭祀─統治と権力の民族学』世界思想社

荒川正晴　二〇一〇『ユーラシアの交通・交易と唐帝国』名古屋大学出版会

池谷和信　一九九一「砂漠の水甕スイカ」『季刊民族学』五七：三五─四二

──　二〇〇二『国家のなかでの狩猟採集民─カラハリ・サンにおける生業活動の歴史民族誌』国立民族学博物館研究叢書4

──　二〇〇六『現代の牧畜民─乾燥地域の暮らし』古今書院

池谷仙之/北里洋　二〇〇四『地球生物学』東京大学出版会

稲村哲也　一九九五『リャマとアルパカ─アンデスの先住民社会と牧畜文化』花伝社

イブン・バットゥタ　一九九六─二〇〇二（家島彦一訳）『大旅行記』全八巻、東洋文庫

イブン・ハルドゥーン　二〇〇一（森本公誠訳）『歴史序説』全四巻、岩波文庫

今西錦司　一九七二『生物の世界』講談社

──　一九九五『遊牧論そのほか』平凡社

煎本孝　二〇〇七『トナカイ遊牧民、循環のフィロソフィー』明石書店

ウエイド、ニコラス　二〇〇七（安田喜憲監修/沼尻由起子訳）『5万年前─この

とき人類の壮大な旅が始まった』イースト・プレスウォーラースティン、I

　一九八一（川北稔訳）『近代世界システム』全二巻、岩波書店

ウォレス、D・R　二〇〇六（桃井緑美子ほか訳）『哺乳類天国』早川書房

梅棹忠夫　一九六七『文明の生態史観』中央公論社

エヴァンズ゠プリチャード、E・E　一九八二（向井元子訳）『ヌアー族の宗教』

　岩波書店

──　二〇〇一（向井元子訳）『アザンデ人の世界──妖術・託宣・呪術』みすず

　書房

エリアーデ　一九六三（堀一郎訳）『永遠回帰の神話──祖型と反復』未來社

遠藤秀紀　二〇〇一『ウシの動物学』東京大学出版会

オッペンハイマー、スティーヴン　二〇〇七（仲村明子訳）『人類の足跡10万年

　全史』草思社

片倉もとこ　一九九八『「移動文化」考──イスラームの世界をたずねて』岩波書

　店

門村浩　一九九一「過去2万年間の環境変動」門村浩/武内和彦/大森博雄/田村

　俊和『環境変動と地球砂漠化』朝倉書店

──　一九九二「サーヘル──変動するエコトーン」門村浩/勝俣誠編『サハラの

　ほとり』TOTO出版

門村浩/勝俣誠編　一九九二『サハラのほとり』TOTO出版

茅根創　一九九六「氷期と将来の地球環境変動」『地球環境論』（岩波講座地球惑

　星科学三）岩波書店：七七──一〇〇

河合雅雄　一九七九『森林がサルを生んだ』平凡社

川勝平太　一九九七『文明の海洋史観』中央公論社

川崎寿彦　一九八七『森のイングランド──ロビン・フッドからチャタレー夫人ま

　で』平凡社

カント、E　一九六一──一九六二（篠田英雄訳）『純粋理性批判』全三巻、岩波

　文庫

──　一九六四（篠田英雄訳）『判断力批判』岩波文庫

──　一九七九（波多野精一/宮本和吉訳）『実践理性批判』岩波文庫

──　二〇〇〇（北岡武司訳）『カント全集一〇　たんなる理性の限界内の宗教』

岩波書店

岸上伸啓　一九九八『極北の民―カナダ・イヌイット』弘文堂

九州大学ミューゼアム　http://www.museum.kyushu-u.ac.jp/WAJIN/ml.html

吉良竜夫　二〇〇一『森林の環境・森林と環境―地球環境問題へのアプローチ』新思索社

玖村敦彦ほか　一九八八『食用作物学』文永堂出版

クラックホーン、C　一九七一（光延明洋訳）『人間のための鏡』サイマル出版会

クラットン॥ブロック、J　一九九七（桜井清彦ほか訳）『図説馬と人の文化史』東洋書林

グリビン、J/J・チャーファス　一九八四（香原志勢ほか訳）『モンキー・パズル―分子人類学からみた進化論』ホルト・サウンダース・ジャパン

玄奘三蔵　一九九九（水谷真成訳）『大唐西域記』全三巻、東洋文庫

小泉博/大黒俊哉/鞠子茂　二〇〇〇『草原・砂漠の生態』共立出版

児玉香菜子　二〇〇九a「『緑化思想』とその解体―中国内モンゴルの緑化の現場から」『日本緑化工学会誌』三四（四）：六一〇―六一二

――　二〇〇九b「定住モンゴル牧畜民の砂漠化対策―中国内モンゴル自治区オルドス市ウーシン旗事例から」岸上伸啓編『開発と先住民』明石書店：一三七―一五五

――　二〇一〇a「中国の生態環境とモンゴル牧畜民の暮らし」『アジア文化研究所研究年報二〇〇九年』四四：四〇七

――　二〇一〇b「環境保全のための移住政策」『ヒューマンライツ』二七二：四八―五四

――　二〇一二『「脱社会主義政策」と「砂漠化」状況における現代内モンゴル牧畜民の現代的変容』アフロ・ユーラシア内陸乾燥地文明研究叢書Ⅰ、名古屋大学

児玉香菜子/小長谷有紀　二〇〇九「退牧還草政策の生態的、経済的、文化的考察―ウラト地域の事例から」双喜編『中国北方地区的経済発展与環境保護』内蒙古科学技術出版社：六〇―七二

――　二〇一一「理想と現実の狭間で―植林ボランティアからスタディツアーを目指して」吉川賢/山中典和/吉崎真司/三木直子編『風に追われ水ガ蝕む中国

の大地—緑の再生に向けた取り組み』学報社：一六九—七七

小長谷有紀／色音編　二〇〇九『地理環境与民俗文化遺産』北京

コパン、Y　一九九四（諏訪元訳）「イースト・サイド物語—人類の故郷を求めて」
　　『日経サイエンス』七月号：九二——〇〇

小堀巌　一九六二『サハラ沙漠』中央公論社

——　一九九六『乾燥地域の水利体系—カナートの形成と展開』大明堂

小堀巌編　一九八八『マンボ—日本のカナート』三重県郷土資料刊行会

在来家畜研究会編　二〇〇九『アジアの在来家畜—家畜の起源と系統史』名古屋
　　大学出版会

篠田謙一　二〇〇九「DNA解析が解明する現世人類の起源と拡散」『地学雑誌』
　　一一八（二）：三一一—三一九

嶋田義仁　一九八八「マーシナ帝国物語（ニジェール川大湾曲部総合調査）」『季
　　刊民族学』四六：二八—三八

——　一九九〇「裸族文化から衣服文化へ—西アフリカ内陸社会における『イス
　　ラム・衣服文化複合』の形成」和田正平編

『国立民族学博物館研究報告一二—アフリカ民族技術の伝統と変容』：四四七—
　　五三〇

——　一九九一「西アフリカのイスラム化と交易—Trimingham説再論」『アフリ
　　カ研究』三八：七五—八五

——　一九九二a「サーヘルの『内陸化』と『後進化』」門村浩／勝俣誠編『サハ
　　ラのほとり』TOTO出版：九三——〇九

——　一九九二b「サーヘルの民族と文化」門村浩／勝俣誠編『サハラのほとり』
　　TOTO出版：二〇七—二三六

——　一九九三「ジェンネ」『季刊民族学』六六：六—二一

——　一九九四「熱帯サヴァンナ農業の貧しさ」井上忠司／祖田修／福井勝義編
　　『文化の地平線—人類学からの挑戦』世界思想社

——　一九九五『牧畜イスラーム国家の人類学』世界思想社

——　一九九七「アフリカにおけるイスラーム的回心をめぐる三理論」『宗教哲
　　学研究』一四：四一—六六

——　一九九八a「稲作文化の世界観—『古事記』神代神話を読む」平凡社

—— 一九九八b『優雅なアフリカ』明石書店

—— 一九九九a「西アフリカの地域構造と世界」高谷好一編『〈地域間研究〉の試み—世界の中で地域をとらえる（上）』京都大学学術出版会：二四七—二七〇

—— 一九九九b「人間生活の観点からみた砂漠化と干ばつの防止」『砂漠化防止対策推進支援調査業務報告書』（財）地球・人間環境フォーラム：三八—四五

—— 一九九九c「ソコト・カリフ帝国縦断調査記—カメルーン、ナイジェリア、ニジェール」嶋田義仁編『アフリカ伝統王国研究——アフリカにおける伝統王国の社会変化の比較研究とくに国民社会形成とのかかわり』一〇、一一年度科学研究費補助金研究成果報告一：六一—七八

—— 二〇〇一a「サハラ南縁のイスラーム都市」嶋田義仁／松田素二／和崎春日編『アフリカの都市的世界』世界思想社：三六—八五

—— 二〇〇一b「地球人類のための宗教学序説」『宗教研究』三二九：二五—五〇

—— 二〇〇一c「砂漠化と民族紛争の背後にあるもの—マリ国の場合」和田正平編著『現代アフリカの民族関係』明石書店

—— 二〇〇四「文明化としてのアフリカ・イスラーム化」『宗教研究』三四一：三七五—四〇〇

—— 二〇〇五「乾燥地域における人間生活の基本構造」『地球環境』一〇（一）：三—一六

—— 二〇〇六a「森の文化としてのヨーロッパ」『ヨーロッパ基層文化研究』二：三—一三

—— 二〇〇六b「『神の国』から『地の国』へ—ヨーロッパにおける主権国家思想の成立と中世世界」比較法史学会編『規範から見た社会』未來社：二八四—三一四

—— 二〇〇七a「経済発展の歴史自然環境分析-アフリカと東南アジア比較試論」『アフリカ研究』七〇：七七—八九

—— 二〇〇七b「多様な王国の歴史と動態」池谷和信／佐藤廉也／武内進一編『アフリカI』（朝倉世界地理講座一一）朝倉書店：八八—一〇五

—— 二〇〇八a「ボロロ（フルベ）」『サハラ以南アフリカ』（講座世界の先住民

族五）明石書店：三六二—三八〇

—— 二〇〇八b「内モンゴルの『近代的』すぎる牧畜改革—サハラ南縁乾燥地域牧畜社会の観点から」小長谷有紀編『中国における環境政策「生態移民」の実態調査と評価方法の確立』

—— 二〇一〇『黒アフリカ・イスラーム文明論』創成社

嶋田義仁編著　二〇一一『シャーマニズムの諸相』勉誠出版

嶋田義仁、松田素二、和崎春日編　二〇〇一『アフリカの都市的世界』世界思想社

清水寛一ほか　一九八一『畜産学』文永堂

下休場千秋　二〇〇五『民族文化の環境デザイン—アフリカ、ティカール王制社会の環境論的研究』古今書院

シュー、ケネス・ジンファ　二〇〇三（岡田博有訳）『地中海は沙漠だった—ダロマー・チャレンジャー号の航海』古今書院

正田陽一編　一九八七『人間がつくった動物たち』東京書籍

杉山正明　一九九五『クビライの挑戦—モンゴル海上帝国への道』朝日新聞社

ストリンガー、クリストファー／ロビン・マッキー　二〇〇一（河合信和訳）『出アフリカ記　人類の起源』岩波書店

諏訪兼位　一九九七『裂ける大地—アフリカ大地溝帯の謎』講談社

ゾイナー、F・E　一九八三（国分直一ほか訳）『家畜の歴史』法政大学出版局

高槻成紀　一九九八『生態　哺乳類の生物学⑤』東京大学出版会

田中二郎　一九七八『砂漠の狩人』中央公論社

—— 二〇〇八『ブッシュマン、永遠に。—変容を迫られるアフリカの狩猟採集民』昭和堂

田中正武　一九七五『栽培植物の起原』日本放送出版協会

チャンダ、ナヤン　二〇〇九（友田錫／滝上広水訳）『グローバリゼーション—人類５万年のドラマ』（上下）NTT出版

デカルト、R　一九九七（谷川多佳子訳）『方法序説』岩波文庫

富川盛道　二〇〇五『ダトーガ民族誌—東アフリカ牧畜社会の地域人類学的研究』弘文堂

中尾佐助　一九六六『栽培植物と農耕の起源』岩波書店

中島健一　一九七七『河川文明の生態史観』校倉書房

中村亮　二〇〇七a「スワヒリ海岸キルワ島の海環境と船の文化—ダウ船とは何か?」『アフリカ研究』七一：一一一九

――　二〇〇七b「スワヒリ海岸キルワ島の男子割礼の唄」篠田知和基編『神話・象徴・文化三』楽瑯書院：一八五—二〇六

――　二〇〇七c「スワヒリ海岸キルワ島の干物交易とモラル・エコノミー—海村社会の海産物保存と経済戦略」杉村和彦編『赤道アフリカ農村におけるモラル・エコノミーの特質と変容に関する比較研究』福井県立大学：七二—八六

――　二〇〇七d「キルワ島の海環境とキルワ王国The Maritime Environments of Kilwa Island and Kilwa Kingdom」『比較人文学研究報』四：四九—六二

――　二〇〇七e「滅亡したキルワ王国の石造遺跡と遺跡をめぐる信仰」『アフリカ伝統王国研究』三：三一三—三三八

――　二〇〇八『旧海洋イスラーム王国キルワ島にみるスワヒリ海村の構造』博士論文、名古屋大学大学院文学研究科

縄田浩　二〇〇四「ラクダの水場としての塩分濃度が高い浅井戸の利用—スーダン領紅海沿岸における人間と家畜の水利用に関する事例分析から」『沙漠研究』一三（四）

ハイデッガー、M　一九九七（辻村公一訳）『有と時』創文社

長谷川政美　一九九八『DNA からみた人類の起原と進化—分子人類学序説』（増補版）海鳴社

ハーゼル、カール　一九九六（山縣光晶訳）『森が語るドイツの歴史』築地書館

埴原和郎　二〇〇四『人類の進化史』講談社

馬場悠男　二〇〇五「広がる人類進化の意識改革」馬場悠男編『日経サイエンス「人間性の進化—700万年の軌跡をたどる」』別冊一五一

ハンチントン、S　一九九八（鈴木主税訳）『文明の衝突』集英社

日野舜也　一九八四『アフリカの小さな町から』筑摩書房

――　一九八七「北カメルーンのフルベ都市における部族関係と生業文化—フルベ都市民族誌」和田正平編『アフリカ—民族学的研究』同朋舎出版

――　二〇〇三『アダマワ地域社会の研究』名古屋大学

――　二〇〇七『スワヒリ社会研究』名古屋大学文学研究科比較人文学研究室

フェイガン、ブライアン　二〇〇八（東郷えりか訳）『古代文明と気候大変動』河出書房新社

── 二〇〇九（東郷えりか/桃井緑美子訳）『歴史を変えた気候大変動』河出書房新社

フォーリー、ロバート　一九九七（金井塚務訳）『ホミニッド─ヒトになれなかった人類たち』大月書店

福井勝義/谷泰編　一九八七『牧畜文化の原像─生態・社会・歴史』日本放送出版協会

福井勝義　一九八七「牧畜社会へのアプローチと課題」福井勝義/谷泰編　『牧畜文化の原像─生態・社会・歴史』日本放送出版協会

藤井純夫　二〇〇一　『ムギとヒツジの考古学』同成社

フレイザー、ジェイムズ・ジョージ　二〇〇三（吉川信訳）『金枝篇』（上下）ちくま学芸文庫

ヘーゲル、G・W・F　一九九四（長谷川宏訳）『歴史哲学講義』（上下）岩波文庫

ベネディクト、ルース　二〇〇五（長谷川松治訳）『菊と刀』講談社学術文庫

ベルグソン、H　一九六五（平井啓之訳）『時間と自由』ベルグソン全集1、白水社

── 一九七九（真方敬道訳）『創造的進化』岩波文庫

── 一九九九　（田島節夫訳）『物質と記憶』白水社

── 二〇〇三　（森口美都男訳）『道徳と宗教の二つの源泉』中央公論新社

マイナー、H　一九八八（赤阪賢訳）『未開都市トンブクツ』弘文堂

増田義郎、島田泉、ワルテル・アルバ監修　二〇〇〇『黄金王国モチェ発掘展─古代アンデス・シパン王墓の奇跡』TBS

マルクス、K　一九五六（武田隆夫ほか訳）『経済学批判』岩波文庫

── 一九五九（岡崎次朗訳）『資本制生産に先行する諸形態』青木書店

水野一晴　二〇一二『神秘の大地、アルナチャル─アッサム・ヒマラヤの自然とチベット人の社会』昭和堂

箕浦幸治　一九九八「地球環境と生物の進化」『地球進化論』（岩波講座地球惑星科学一三）岩波書店：三六七─四四五

宮本正興、松田素二編著　一九九七『新書アフリカ史』講談社

森田剛光　二〇〇四「ネパール、タッコーラ地方のヤクの飼育と利用」『アフロ・ユーラシア内陸乾燥地文明論3』名古屋大学文学研究科

ヤコブソン、ロマーン　一九七七（花輪光訳）『音と意味についての六章』みすず書房

家島彦一　一九九一『イスラム世界の成立と国際商業—国際商業ネットワークの変動を中心に』岩波書店

――　一九九三a「インド洋海域の交易ネット・ワーク」板垣雄三/後藤明編『イスラームの都市性』日本学術振興会：九六――一一二

――　一九九三b『海が創る文明—インド洋海域世界の歴史』朝日新聞社

――　二〇〇六『海域から見た歴史—インド洋と地中海を結ぶ交流史』名古屋大学出版会

安田喜憲　二〇〇四『文明の環境史観』中央公論新社

楊海英（大野旭）　二〇一一「内陸アジア遊牧文明の理論的再検討—今西錦司『遊牧論そのほか』と梅棹忠夫『文明の生態史観』の現在」『文化と哲学』二八：二一―四五

リレスフォード、ジョン　二〇〇五（沼尻由起子訳）『遺伝子で探る人類史—DNAが語る私たちの祖先』講談社

リーンハート、G　一九六七（増田義郎/長島信弘訳）『社会人類学』岩波書店

ルソー、J・J　一九五四（桑原武夫/前川貞次郎訳）『社会契約論』岩波文庫

――　一九五九　（平岡昇訳）『人間不平等起源論』岩波文庫

和崎春日　一九八四「アフリカ首長制社会における都市の諸性格」中村孚美編『現代の人類学Ⅱ　都市人類学』至文堂

――　一九八七「アフリカの王権とイスラーム都市」和田正平編『アフリカ—民族学的研究』同朋舎出版

和辻哲郎　一九七九『風土—人間学的考察』岩波文庫

――　二〇〇七a『人間の学としての倫理学』岩波文庫

――　二〇〇七b『倫理学』岩波文庫

Abubakar, Sa'ad 1977, *The Lāmibe of Fombina, A Political History of Adamawa 1809-1901*, Ahmad Bello Univ. Press / Oxford University Press.

Anati, Eqnuel 2003, *Aux Origines de l'Art*, traduit de l'italien par Jérô, Nicolas; Paris: Fayard.

Bailloud, Gérard 1997, *Art rupestre en Ennedi*, Sépia.

Balandier, G.1967, *Anthropologie politique*, P.U.F.

——1971a, *Sociologie actuelle de l'Afrique noire* (3e édition), P.U.F.

——1971b, *Sens et puissance*, P.U.F.

Baroin, Catherine 1985, *Anarchie et Cohésion sociale chez les Toubou*, Cambridge University Press/ Éditions de la Maison des sciences de l'homme.

Barth, Th. Fr. W. 1969, *Ethnic groups and boundaries. The social organization of culture difference*, Universitets forlaget.

Barth. H. 1965(1857-1858), *Travels and Discoveries in Northern and Central Africa: being a journal of an expedition undertaken under the auspice of H.B.M.'s Government in the year 1845-1855*, 3 vols., Frank CASS.

Bovill, E. W. 1966, *Missions to the Niger*, 4 vols., The Hakluyt Society.

Brunet, M. *et al.* 2002, A new hominid from the Upper Miocene of Chad, Central Africa, *Nature* vol.418:145-151.

Caillé, René 1979(1830), *Voyage à Tombouctou*, 2 vols.,François Maspero.

Cann, R. L. et al. 1987, Mitochondrial DNA and human evolution, *Nature* vol. 325: 311-316.

Cassagnes-Brouquet, S./ V. Chambarlhac 1995, *L'Âge d'Or de la Forêt*, Éditions du Rouergue.

Comte, Auguste 2012(1830-1842), *Cours de philosophie positive*, Éditions Hermann.

Copans, Jean (direction)1975, *Secheresses et Famines du Sahelm*, 2 vols., Francois Maspero.

Coppenns, Yves/ Pascal Picq (direction) 2001, *Aux Origines de l'humanité*, Paris: Fayard.

Cuoq, Joseph 1975, *Recueil des sources arabes concernant l'Afrique occidentale du VIIe au XVIe siècle*, CNRS.

——1984, *Les musulmans en Afrique*, Éditions, G.-P.Maisonneuve et Larose.

De Grunne, B. 1980, *Terres cuites anciennes de l'Ouest africain*, Louvan Lla-Neuve: Intitut supérieur d'archéologique et d'histoire de l'art.

Es Sa'di, A. (éd.&tr. O. Houdas) 1981, *Tarikh es-Soudan*, Maisonneuve.

Forster, P./ S. Matsumura 2005, Did early humans go north or south?, *Science* vol. 308: 965-966.

Global Warming Art http://www.globalwarmingart.com/wiki/Image: Ice Age Temperature png.

Godel, Robert 1957, *Les sources manuscrites du cours de linguistique générale de F. de Saussure*, Geneve: Droz.

Haidara , Ismaël Diadié 1999, *Les juifs à Tombouctou: recueil des sources écrites relatives au commerce juif à Tombouctou au XIXe siècle*, Éditions Donniya .

Hino, Shun'ya 2004, *Swahili and Fulbe. Frontier World of Islam in Africa*, Kingdoms Collection IV, Nagoya University.

Hopkins, A. G. 1973, *An Economic History of West Africa* (Paperback), Columbia University Press.

Hunwick,John O. 1985, *Shariah in Songhay THE REPLIES OF AL-MAGHILI TO THE QUESTIONS OF ASKIA AL-HAJJ MUHAMMED (C.1498)*, Oxford University Press.

Hunwick, John 2007, *Jews of a Sahara Oasis. The Eliminations of the Tamentit Community*, Markus Wiener Publishers.

Ibn Khaldoun (tr. William Mac Guckin de Slane) 1852-1856, *Histoire des Berbères et des dynasties musulmanes de l'Afrique septentrionale*, 3 vols. Alger, Imprimerie du Gouvernement.

Johnston, H. A. S. 1967, *The Fulani Empire of Sokoto*, Oxford University Press.

Kati. M.(éd.& tr. O. Houdas)1981, *Tarikh el-Fettach*, Maisonneuve.

Khazanov. A. M. 1983, *Nomads and Outside World*, Cambridge University Press.

L'African, Léon(tr. A. Epaulard) 1956, *Descriptions de l'Afrique*, Maisonneuve.

Last, Murray 1967, *The Sokoto Caliphate*, Longman.

Laureano, Pietro 2001, *The Water Atlas: Traditional Knowledge to Combat Desertification*, Laia Libros.

Lethielleux, Jean 1983, *Ouargla Cité saharienne des origines au début du Xx^e siècle*, Geuthner.

Levtzion, Nema 1968, *Muslims and Chiefs in West Africa*, Clarendon Press

――1973, *Ancient Ghana and Mali*, African Publishing Company.

Levtzion, Nema / J. F. P. Hopkins 1981, *Corpus of Early Arabic Sources for West African History*, Cambridge University Press.

Lewis, I. M. 1980 (1969), *Islam in Tropical Africa*, IAI, Hutchinson University Library for Africa.

Lhote, Henri 1975, *Les gravures rupestres de l'Oued Djerat (Tassilin-Ajjer)*, 2 vols., Centre de Recherches anthropologiques préhistoriques et ethnographiques.

――1984, *Le Hoggar*, Armand Colin.

Maunny, Raymond 1961, *Tableau géographique de l'Ouest africain au Moyen Âge d'après les sources écrites, la tradition et l'archéologie*, IFAN.

Mcintosh, R. J. 1983, Floodplain Geomorphology and Human Occupation on the Upper Inland Delta of the Niger, *The Geographical Journal* 149(2): 182-201.

――1984, The Early City in West Africa: Towards an understanding, *The African Archeological Review* 2: 73-98.

――1998, *The Peoples of the Middle Niger: The Island of Gold*, Blackwell Publishers.

――2005, *Ancient Middle Niger: Urbanism and the Self-organizing Landscape*, Cambridge University Press.

Mcintosh, R. J. & S. K. 1981, The Inland Niger Delta before the Empire of Mali, *Journal of African History* 22: 145-158.

Mcintosh, S. K. & R. J. 1980, *Prehistoric Investigation at Jenne, Mali*, Cambridge University Press.

Monteil, Vincent 1971, *L'islam noir*, Aux Éditions du seuil.

Nicolas, Guy 1975, *Dynamique sociale et appréhension du monde au sein d'une Société hausa*, Institut d'ethnologie.

Olsen, S. L.1989, Solutré: A theoretical approach to the reconstruction of Upper Paleolithic hunting strategies, *Journal of Human Evolution* 18: 295-327.

Paulme, Denise 1954, *Les gens du riz*, Plon.

Sauter, Gilles 1956, *De l'Atlantique au fleuve Congo, une géographie du sous-peuplement*, Mouton.

Shell, E. R. 1993, Waves of Creation, in *the May 1993 issue*, published online May 1.1993.

Shimada Yoshihito 1985, *Cité cosmopolite du Soudan catral: Ray-Bouba, capitale d'un lamidat du Nord-Cameroun*, thèse de doctorat de 3ᵉ cycle, Ecole des Hautes Etudes en Sciences Sociales.

——1992, Formation de la civilisation 'complexe' Islam et vêtements en Afrique sub-saharienne: étude de cas de I'Adamawa, Shohei Wada and Paul K. Eguchi eds., *Senri Ethnological Studies* 31: 373-422.

——1997, *Djenné morte —Le delta intérieur du Niger et les problèmes de sécheresse*, Special Publication No. 28, Research Center for Regional Geography, Hiroshima University Press.

——2004, Royaumes peul, islamiques et super-ethniques dans le Nord-Cameroun-autour de Rey-Bouba, Nagoya University.

——2004 Toward Integrating Globalization and Humanism, *Echoes of Peace* No. 66: 4-7.

——2009, A New Vision of Human History from Dry Land and the Crisis of the Human Civilization.(中国語: 小长谷有紀/色音編　二〇〇九『地理環境与民俗文化遺産』北京: 二四—三五)

Sidi Amar Ould Ely 1985a, Ahmed Al-Bekkaye, une grande figure de l'Histoire de la région de Tombouctou à l'orée de la Conquête Coloniale, *Sankore* No.2: 24-38.

——1985b, Ahmad Al-Bakkay, une grande figure de l'Histoire de la région de Tombouctou à l'orée de la Conquête Coloniale (suite et fin), *Sankore* No. 2: 1-15.

——1993, Uthman ag Muhammad Inghalan al-Ansari al-Tahruri, *Sankore* No. 4: 19-28.

Stewart, C. C. 1976, Southern Saharan Scholarship, and the Bilad al-Sudan, *Journal of African History* 17 (1).

Vrba, E. S. 1993 The pulse that produces ue, in *Natural History*, 5/93:47-51.

Wittfogel, K. A. 1957, *Oriental Despotism*, Yale University Press(ウィットフォーゲル、K・A　一九九一（湯浅赳男訳）『オリエンタル・デスポティズム—専制官僚国家の生成と崩壊』新評論）

· 后 记 ·

不觉间已到结语部分，心里难免会有感慨。

既然叫作人类学，就该是一门研究人类的学问。而实际上，想深而广地研究人类属实困难。一者社会，一者文化，首先必须对此二范畴做深度研究。而且，所谓人类研究，必须将研究视野放在古今东西存在过的各样人类文化上。这样，还必须研究新地域，反复挖掘新内容。其困难程度，好比是开拓诸多新领域一样令人作难，却能更深入地理解特定地域的人类生活。

而我因着偶然的机会，得以调研诸多地域。在非洲，我曾考察杰内和雷布巴。以这两个地域为据点，我走遍撒哈拉及其周边的干旱地域。在欧洲，我主要在法国生活了五年之久。最近的二十年间，我还调研过蒙古国。在各样的学科中，我对宗教学、西方哲学、固有信仰、神话研究、人类学等都有所涉猎。因此，我也不知自己究竟是哪一科的学者。我最想称自己是地球人类学者，但暂且先称自己是宗教人类学者吧。

本书的完成，基于以上特殊的研究经历。我一边接受各类研究者的激励，一边推进研究。我本有意在此列举每位学者的尊名并表达谢意，但请让我列举诸位老师的大名，他们使我有幸成为日本学术振兴会的科研成员并大力支持我的海外研究工作，他们分别是：川田顺造（考察尼日尔河湾部）、米山俊直（伊斯兰圈和非洲的都市农村关系）、日野舜也（非洲都市人类学）、江口一久（非洲语言文化）、小堀岩（撒哈拉的绿洲调查）、小长谷有纪（蒙古的生态移民）、中西久枝（中东和平政策）。

　　我代表的日本学术振兴会的海外研究共分成七个项目。其中最新的项目是："非洲伊斯兰圈内白人民族与黑人民族的纷争和共存之宗教人类学研究"（2006—2008）、"围绕传统生活样式的崩塌和再次宗教化的现代非洲宗教动态"（2009—2010）、"基于解析畜牧文化的欧亚非内陆干旱地域文明及其现代的动态研究"（2009—2013）。

　　本书的出发点依据第三项目而建立。此项目到现在仍在继续，作为项目成员的坂田隆、池谷和信、今村薫、鹰木惠子、大野旭（杨海英）、普林斯、乌斯比·桑科、平田昌弘、星野仏方、儿玉香菜子、中川原育子、石田俊、中村亮，还有P. Lareano（意大利）、M. Pelican（瑞士）、Mahmoudou Djingui（喀麦隆）、Saibou Nassourou（喀麦隆）、Hamadou Adama（喀麦隆）、Nafet Keaita（马里）、Samba Diallo（马里）、J. G. Kiango（坦桑尼亚）等各位老师的研究在本书中被多次引用。在三菱财团资助下完成的"'富尔贝族圣战'引起的伊斯兰国家建设运动（18—19世纪）的综合研究"（2006—2007）中可追溯出本研究的起点，这也是构想本研究的契机。

　　为本研究提供经济支援的日本学术振兴会和三菱财团，还有慷慨提供帮助并作为共同研究成员的各位老师，在此，我向你们献上深深的谢意。我常担心自己的研究是否有愧于所得到的各种帮助，所以这本书也是我的一种报恩方式。同时愿读者诸君能给予支持，疏漏不足之处望请雅正，荣幸之至。

最后，感谢岩波书店编辑部对本书的出版给予理解并迅速编辑，对岩永泰造氏致以厚谢。

岛田义仁

2012年8月

作于丰明山居

图书在版编目（CIP）数据

沙漠与文明：欧亚非内陆干旱地域文明论 /（日）岛田义仁著；包海岩，闫泽，萨其拉译. — 北京：商务印书馆，2024（2024.9重印）

ISBN 978 - 7 - 100 - 22670 - 7

Ⅰ.①沙⋯　Ⅱ.①岛⋯ ②包⋯ ③闫⋯ ④萨⋯
Ⅲ.①沙漠 — 文化生态学 — 研究　Ⅳ.①P941.73

中国国家版本馆 CIP 数据核字（2023）第181745号

沙 漠 与 文 明
欧亚非内陆干旱地域文明论

〔日〕岛田义仁　著

包海岩　闫 泽　萨其拉　译

————————————————————

商 务 印 书 馆 出 版
（北京王府井大街36号　邮政编码 100710）
商 务 印 书 馆 发 行
山西人民印刷有限责任公司印刷
ISBN　978 - 7 - 100 - 22670 - 7

————————————————————

2024年4月第1版　　　　开本 889×1194　1/32
2024年9月第2次印刷　　印张 9¼

定价：85.00元